Fotografisches Gedächtnis

So verbessern Sie Ihr Gedächtnis und erweiterte Techniken zur Verbesserung Ihres Gedächtnisses und Strategien, um schneller zu lernen

-- Sam Rhodes --

EINFÜHRUNG

Haben Sie sich jemals gefragt, was manche Menschen so selbstbewusst, intelligent und erfolgreich macht? Ich dachte immer, das lag daran, dass sie mit einem Intellekt geboren wurden, der meinem überlegen war, und dass ich nur mit meinen Grenzen auskommen musste.

Viele dieser erfolgreichen Menschen würden in jedem Bereich ihres Lebens Erfolg haben. Wenn sie in der Schule waren, machten sie sich keine Gedanken über Prüfungen und Überarbeitungen, sondern bliesen durch sie hindurch und erzielten Bestnoten. In der Belegschaft könnten diese Personen großen Gruppen hochkarätige Präsentationen geben, ohne über ihre Worte zu stolpern oder von kniffligen Fragen überrascht zu werden. Ihre Arbeit war immer genau und gründlich, und ihr Leben war organisiert und produktiv. Sogar ihre Beziehung war erfolgreich, da sie sich auf die wichtigen Menschen in ihrem Leben konzentrieren und diese Beziehungen entwickeln konnten.

Stellen wir uns einfach der Tatsache ... dass diejenigen, die in der Lage sind, sich große Teile von Informationen zu merken und sie mühelos abzurufen, die erfolgreichen in unserer Welt sind. Es ist die Fähigkeit, ein fotografisches Gedächtnis zu erhalten, das die "Haves" und die "Have-Nots" voneinander unterscheidet.

Die Entwicklung des fotografischen Gedächtnisses hat in allen Bereichen Ihres Lebens so viele Vorteile. Es stärkt die Nervenbahnen in Ihrem Gehirn, zündet mehr Teile Ihres Gehirns an und erhöht die gesamte Gehirnaktivität. Diese regelmäßige Übung des Gehirns ermöglicht es Ihnen: * die Lesegeschwindigkeit zu erhöhen und das Lesen besser zu verstehen * den Fokus und die Aufmerksamkeit dramatisch zu erhöhen * das periphere Sehen zu verbessern * ermöglicht es Ihnen, in Ihrem Tag organisierter und produktiver zu werden. Das passiert aber nicht einfach so; Es wird durch Disziplin und tägliche Bewegung Ihres Gehirns entwickelt.

Als ich dies erkannte, begann ich an meinen fotografischen Gedächtnistechniken zu arbeiten. Anscheinend werden wir alle mit

-- Sam Rhodes --

einem fotografischen Gedächtnis geboren, aber wir verlieren seine Fähigkeit ungefähr zu dem Zeitpunkt, an dem wir zur Schule gehen (zur gleichen Zeit, zu der wir lesen lernen!). Aber es gibt jetzt Kurse, die Sie durchführen können, um dieses fotografische Gedächtnis wieder zu entwickeln und das Potenzial in Ihrem Leben freizusetzen.

-- Sam Rhodes --

KAPITEL 1: SPEICHERKODIERUNG

Der Begriff Codierung wird heutzutage häufig verwendet, um Informationen in das als Computer bekannte elektronische Tier einzugeben. Es wird in Form eines kryptischen Codes eingegeben, in dem nur ein Computer-Maven entschlüsseln kann. Die Computerkodierung besteht aus natürlichen Zahlen, Großbuchstaben und Satzzeichen, die in Mengen angeordnet sind, die als Code-Raum bezeichnet werden und aus Bits, Oktetten, Codesätzen und Mustern bestehen, z. B.: 2601: 1C2: 1300: D091: 1FA: 2FFD: DACE: D98] yadda … Yadda… yadda…

Das menschliche Gehirn codiert auch jeden Tag Daten auf seine eigene Art und Weise. Es nimmt einige Daten wahr und akzeptiert sie automatisch und bläst den Flaum in den Wind des Nichts. Ihr Computer speichert alle Daten - die nützlichen Daten, die Zusatzdaten, die falschen Daten und die nutzlosen Daten. Dann geht ihm der Speicher aus! David Chalmers, ein zeitgenössischer Philosoph, hat die Menschen gewarnt, dass Computer intelligenter werden als Menschen, und dieser Tag ist in der Nähe. Seien Sie versichert - dass Computer Armageddon, wenn es kommt, Lichtjahre entfernt ist! Ihr Gehirn kann nützliche Daten aufzeichnen. Leider "lecken" einige nützliche Daten aus, und deshalb sind Sie hierher gekommen.

Konsolidierung - Informationen, die in das Gehirn gelangen, werden kategorisiert. Einzelpersonen beurteilen die Art der Eingabe und bereiten sie für das Kurzzeit- oder Langzeitgedächtnis vor. Wenn Sie beispielsweise einen Vogel zwitschern hören, entlassen Sie ihn sofort. Es ist amüsant zu bemerken, dass Ihr Computer den Fehler erneut auslöst, wenn Sie "is" anstelle von "its" in ein Dokument eingeben. Tatsächlich wird es noch lange nach der Korrektur gespeichert! Auf diese Weise kann das FBI "gelöschte" Informationen abrufen!

Lernstile: Wie lernst du?
Die Art und Weise, wie Informationen codiert werden, ist die sensorische Wahrnehmung. Jeder hat seine eigenen bevorzugten Lernmethoden und bevorzugt einen oder mehrere der Sinne, um Informationen aufzuzeichnen. Diese werden als "Lernstile" bezeichnet.

Es gibt ein altes Sprichwort, das William Mellon 1957 zum ersten Mal aussprach: "Müll rein ... Müll raus." Obwohl es sich um eine ursprüngliche Anwendung handelt, die auf die Informatik angewendet wurde, gilt dies auch für den Menschen. Es ist das Ergebnis der Absorption (oder Codierung) falscher Daten oder der falschen Aufzeichnung genauer Daten. Zum Beispiel bringt ein Vater seinen dreijährigen Jungen zum Eisverkäufer. Sein Sohn bestellt einen Eisbecher mit heißem Fudge. Er erhält wie üblich einen heißen Fudge-Eisbecher mit Nüssen. Sein Vater bestellt einen Eisbecher mit heißem Fudge ohne Nüsse. Sein Vater bekommt einen heißen Eisbecher mit Schokostreuseln. (Höflich ersetzt die Nüsse) Sein kleiner Junge schaut auf die Schokostreusel. Er erinnert sich, dass sie gut aussahen. Das nächste Mal gehen er und sein Vater in eine andere Eisdiele. Der Kleine bestellt einen Eisbecher mit heißem Fudge ohne Nüsse und erhält einen Eisbecher mit heißem Fudge ohne Nüsse, aber ohne Schokostreusel. Dann beschwert sich das Kind bitter und sagt zu seinem Vater: "Wo sind die keine Nüsse?" (Es folgt eine lange Vater-Sohn-Diskussion, die den Vater sehr verwirrt!) Dieses sehr vereinfachte Missgeschick ist das Ergebnis einer falschen Codierung. Hier lernte der kleine Junge visuell und akustisch, indem er das visuelle Bild von Schokoladenstreuseln mit dem Klang der Worte „keine Nüsse" verband. Sobald der Vater in der Lage war, auf die Schokoladenstreusel auf seinem Eisbecher hinzuweisen und die richtigen Worte zu sagen, verstand das Kind natürlich.

Einer der beliebtesten Lernstile heißt VAK / VARK-Modell und wurde 1981 von William Barba et al. Entwickelt und 1987 von Neil Fleming erweitert.

VAK / VARK-Modell für visuelle Lernstile - Dieser Lernstil verwendet visuelle Hilfsmittel wie Bilder, Karten, Diagramme, Grafiken und verwandte Grafikgeräte. Eine Person, die dazu neigt, mentale Bilder zu formen, selbst aus abstrakten Konzepten, bevorzugt diesen Stil.

Aural - Dieser Stil verwendet Hören und Sprechen, um die Informationskodierung zu erleichtern. Wenn eine Person Töne verwendet, um Informationen zu codieren, kann sie Wörter laut oder mental sagen, um die Eingabe zu codieren.

Lesen / Schreiben - Die textbasierte Eingabe ist die Grundlage für die Codierung. In diesem Fall liest und schreibt die Person die Wörter auf einem Notizblock oder einem Computergerät.

-- Sam Rhodes --

Kinästhetik - Dies tritt auf, wenn eine Person anhand praktischer Beispiele oder durch Ausprobieren lernt. Durch taktile Mittel lernt man.

Bestimmen Sie Ihren Lernstil: Einführungsübung Hier erfahren Sie, wie Sie Ihren Lernstil bestimmen. Lesen Sie die folgende Passage:

Nach der Übergabe des karthagischen Reiches verlangte Rom Geld und das Volk verließ seine geliebte Stadt Karthago, ergab sich den Legionen und wurde als Sklaven verkauft. Entsetzt über die Aussicht lehnten die Menschen in Karthago ab. Als Cato der Ältere davon hörte, sprang er von seiner Steinbank im Senat und brüllte: "Karthago muss zerstört werden!"

Der junge Scipio, der adoptierte Enkelsohn des verehrten Helden des punischen Krieges, Scipio Africanis, begehrte Ruhm und Reichtum und beschloss, Roms endgültige Vergeltung zu liefern. Sein Regiment drang durch die sengende Wüste nach Karthago vor. Sie brachten Belagerungsmotoren, Fackeln, lange Speere und fein geschliffene Breitschwerter. Als fünfundvierzig Soldaten die Stadttore vor sich sahen, stießen sie den Rammbock durch die hohen Holztüren. Die römischen Legionen brüllten, als sie mit voller Wucht in die Stadt stürmten. Sie wurden von Horden bärtiger Karthager mit hochgehaltenen Schwertern und Speeren getroffen. Wütend kämpften sie gnadenlos gegeneinander.

Riesige Steine regneten von oben herab. Jedes Gebäude war eine Festung. Flanken von Karthagern gossen kochendes Öl von den Dächern auf die Römer. Es kaskadierte und spritzte auf die Soldaten unter ihnen, die vor Schmerz heulten. Als Scipio sah, dass die Schlacht auf die Dächer gezogen war, befahl er die Belagerungsmotoren. Diese beeindruckenden Holztürme waren vier Stockwerke hoch und führten von einer Etage zur nächsten. Auf der obersten Ebene befand sich eine Öffnung, durch die die Soldaten Zugang zu den Gebäudespitzen erhielten. Dort trafen sie die Feinde von Angesicht zu Angesicht. Schwerter klirrten auf Schildern; Schilde stießen auf Schilde. Scipio steckte sein Schwert in den Bauch eines und zog sein blutiges Schwert heraus. Es machte ein widerliches Sauggeräusch, als es austrat. Riesige Flammenzungen leckten von unten. Von Wut verzehrt, kämpften seine Soldaten tapfer, bis die Dächer mit zerbrochenen Körpern übersät waren. Die Schlacht war vorbei.

-- Sam Rhodes --

Die lodernden Flammen ließen nach und ließen Holz und Stoff in Asche. Scipio überblickte die einst prächtige Stadt und trat von beiden Seiten über geschmolzenes Metall und Totenhaufen.
Umgeben von nichts als Tod und schwelenden Ruinen weinte Scipio bitterlich, weil es keine Beute gab, die man nach Rom zurückbringen konnte. * *

Lesen Sie die Geschichte erst wieder, wenn Sie sich die folgende Frage stellen. Keine Antwort ist falsch; Das ist kein Test. Es ist einfach ein Maß für die Präferenz.
Welche zwei Aspekte der Geschichte haben Sie am meisten fasziniert?

1. Die Visualisierungen der Schlacht, die Haufen toter Leichen, zerfallener Steine und schwelender Ruinen.

2. Die Geräusche der heulenden Soldaten, als sie mit kochendem Öl bedeckt waren, und das Zusammenprallen von Schwert auf Schwert.

3. Der Bau der Belagerungsmaschine, ihre Funktionsweise und der Richtungsfortschritt der römischen Legionen.

4. Die Wörter, mit denen das Ereignis und die Vogelperspektive von Scipios Scharmützel auf dem Dach beschrieben wurden.

Wenn Ihnen # 4 am besten gefallen hat, verwenden Sie den Lese- / Schreibstil am meisten. Sie möchten das gesamte Bild sehen und es in relevante Teile aufteilen. Sie neigen dazu, sich Notizen zu machen, indem Sie sie entweder aufschreiben oder auf Mobilgeräten aufzeichnen.

Wenn Ihnen # 3 gefallen hat, sind Sie von der Kinetik der Situation fasziniert. Sie möchten die Belagerungsmaschine aus der Nähe untersuchen und Bewegungen von Soldaten aufzeichnen, die über Bretter von Dach zu Dach rasten. Dies ist charakteristisch für den kinästhetischen Stil.

Wenn Ihnen # 2 gefallen hat, werden Sie von den Hörmerkmalen des Stücks angezogen. Wenn Sie das imaginäre Knistern der Flammen „gehört" haben, das Heulen der in kochendem Öl getränkten Soldaten, dann beziehen Sie sich am besten darauf, etwas zu hören und es zu wiederholen, um ein vollständiges Verständnis sicherzustellen. Sie bevorzugen den akustischen Lernstil.

Wenn Ihnen # 1 gefallen hat, bevorzugen Sie es, Dinge zu visualisieren. Sie konnten die Soldaten in Ihrem Kopf „sehen", die Flammenzungen, die die Wände des Gebäudes leckten, und die Leichenhaufen, die auf dem Kopfsteinpflaster lagen. Sie bevorzugen den visuellen Stil.

Kein Zweifel, Sie haben einen zweiten Lieblingsstil. Beachten Sie das. Diese beiden Stile sollten verwendet werden, um Ihre Speicherleistung zu erhöhen.
* Passage ist eine fiktive Darstellung des Sturzes Karthagos im Jahr 146 v. Chr., Angepasst an die Schriften von Polybius (200 v. Chr. - 118 v. Chr.) Und Plutarch (46 n. Chr. - 120 n. Chr.).

-- Sam Rhodes --

KAPITEL 2: ÜBUNGEN IN DER ENCODIERUNG

Die meisten Menschen lernen, indem sie einen der sensorischen Lernstile den anderen vorziehen. Sie können jedoch Ihre Gedächtnisfähigkeiten verbessern, wenn Sie versuchen, mehr als eine Lernstrategie anzuwenden. Es wäre klug, wenn Sie zuerst Ihren Lieblingsstil ausprobieren und dann einen anderen Stil verwenden könnten, um ihn zu begleiten. Wenn Sie beispielsweise dazu neigen, sich an das gedruckte Wort zu erinnern, können Sie versuchen, gleichzeitig eine mentale Bildgebung zu verwenden, um Ihre Lesung zu begleiten.
Visueller Lernstil: Übungen zur Verbesserung des Gedächtnisses

1. Sehen und zeichnen Sie eine TV-Show auf. Bemühen Sie sich besonders, die Hintergründe zu bemerken. Versuche dich an sie zu erinnern. Spielen Sie die Show ab und überprüfen Sie, wie gut Sie es gemacht haben. Undercover-Agenten, Polizisten und Soldaten verbringen viel Schulungszeit damit, ihre Beobachtungsfähigkeiten zu entwickeln. Eines der wichtigsten davon ist natürlich, wie man Freund und Feind in Sekundenbruchteilen unterscheidet.

2. Holen Sie sich eine kleine Taschenlampe, schalten Sie sie ein und nehmen Sie Ihre Uhr ab. Halten Sie die Uhr in Ihrer Hand und richten Sie die Taschenlampe darauf. Drehen Sie die Uhr und analysieren Sie sie visuell. Setzen Sie die Taschenlampe und schauen Sie auf Ihren Schreibtisch.
Schließen Sie Ihre Augen und machen Sie sich ein Bild davon. Drehen Sie es in Ihrem Kopf und versuchen Sie herauszufinden, wie und wo es glitzerte. Öffne deine Augen und wiederhole die Übung, um das reale Bild mit deinem mentalen zu vergleichen.

2. Schließen Sie Ihre Augen. Welche anderen Gegenstände lagen auf Ihrem Schreibtisch? Öffne deine Augen und überprüfe. Was hast du vermisst? (Dies war eine hinterhältige Frage!)

3. Schließen Sie die Augen. Stellen Sie sich eine Waldszene vor. Öffne deine Augen. Was für ein Tag war es, ohne es zu erfinden? Was war vor Ort, als du es dir vorgestellt hast?

-- Sam Rhodes --

4. Schließen Sie Ihre Augen und fügen Sie Ihrem mentalen Bild weitere Details hinzu. Versetz dich hinein. Hören Sie mit Ihrem geistigen Auge zu. Geruch. Fühle den Boden. Sie haben Ihre visuellen Sinne, Ihre auditorischen Sinne, Ihre olfaktorischen Sinne und Ihre taktilen Empfindungen aktiviert. Das Bild ist jetzt viel vollständiger.

5. Schließen Sie Ihre Augen. Versetzen Sie sich zurück in die Wälder. Fügen Sie jemanden hinzu und führen Sie ein kurzes Gespräch mit ihm oder ihr. Öffne deine Augen und schreibe das Gespräch auf. Sie haben jetzt den Lese- / Schreibstil der Codierung verwendet.

7. Erinnern Sie sich in weniger als einer Stunde an Ihre Walderfahrung. Gehen Sie es in Ihrem Kopf durch.
Mit # 7 haben Sie jetzt Ihr Waldabenteuer von Ihrem Kurzzeit- in Ihr Langzeitgedächtnis verschoben. Dies liegt daran, dass der Informationsabruf schnell verstärkt werden muss, um zu einem späteren Zeitpunkt abgerufen werden zu können. Haben Sie jemals bemerkt, wie Studenten ihre Bücher und Notizen schnell überprüfen, bevor sie ihre Prüfungen ablegen? Es klappt. Heute Abend und morgen und vielleicht sogar eine Woche später werden Sie sich an Ihre Walderfahrung erinnern. Garantiert!

Akustischer Lernstil: Übungen zur Verbesserung des Gedächtnisses

1. Halten Sie während der gesamten Übung die Augen geschlossen. Hör mal zu. Machen Sie es sich zum Ziel, alles zu hören. Halten Sie die Augen geschlossen und sagen Sie laut, was Sie gehört haben. Hören Sie jetzt noch einmal zu, um die Richtigkeit zu überprüfen.

2. Finden Sie ein YouTube-Lehrvideo über etwas, das Ihnen gefallen könnte. Etwas Leichtes. Schließen Sie die Augen und hören Sie es sich fünf Minuten lang an. Öffne deine Augen und halte inne. Umschreiben Sie, was Sie gehört haben.

3. Kehren Sie zum Anfang des Videos zurück und hören Sie es sich ca. 2-3 Minuten lang an. Merken Sie sich, was der Sprecher gesagt hat. Sag es laut. Kehren Sie zum Anfang des Videos zurück,

schließen Sie die Augen und prüfen Sie, ob Sie alles richtig gemacht haben.

4. Suchen Sie einen musikalischen Soundtrack im Internet. Wählen Sie etwas, das Sie nicht erkennen. Spielen Sie es ungefähr fünf Minuten lang. Hör auf und versuche dich daran zu erinnern. Versuchen Sie es herauszufinden. Kehren Sie zum Anfang zurück und versuchen Sie es erneut.

5. Suchen Sie einen neuen Soundtrack. Setzen Sie ein Lesezeichen für die Seite in Ihrem Browser. Spielen Sie den Soundtrack etwa fünf bis zehn Minuten lang ab. Machen Sie es sich zum Ziel, sowohl die Hintergrundmusik als auch die Melodie zu hören. Machen Sie eine Pause und versuchen Sie, es zu singen oder die Melodie zu summen. Versuchen Sie nun, den Rhythmus auszuloten, den Sie im Hintergrund gehört haben. (Das ist der schwierige Teil!) Spielen Sie es ab, um es zu überprüfen.

6. Spielen Sie es noch einmal und stellen Sie sich vor, Sie sind einer der Musiker. Stellen Sie sich vor, wie die Instrumente aussehen und wie die Musiker auch aussehen. Berühren Sie in Ihrem Kopf Ihr Instrument und spielen Sie es zusammen mit den anderen Musikern. Stoppen Sie die Aufnahme und schreiben Sie die Instrumente auf. Wenn Sie ein oder zwei verpassen, kehren Sie zur Aufnahme zurück und korrigieren Sie sich.

7. Erinnern Sie sich in weniger als einer Stunde an Ihre musikalische Eskapade. Sie werden sich jetzt noch einige Zeit daran erinnern, weil Sie ein Kurzzeitgedächtnis in ein Langzeitgedächtnis umgewandelt haben. Sie können sich sogar eine Woche oder länger daran erinnern!
Was Sie getan haben, ist, Ihren akustischen Lernstil auf einen visuellen, taktilen (kinästhetischen) und den Lese- / Schreibstil zu erweitern. Das stärkt das Gedächtnis.

Lese- / Schreiblernstil: Übungen zur Verbesserung des Gedächtnisses

1. Wählen Sie ein Stück mit mehreren Absätzen zum Lesen aus. Wählen Sie eine relativ kurze Passage mit jeweils 6-8 Absätzen und lesen Sie sie.

-- Sam Rhodes --

2. Unterstreichen Sie die Schlüsselwörter in jedem Absatz und fügen Sie jedem Wort mindestens ein Verb hinzu. Schreiben Sie nur die Schlüsselwörter auf. Schauen Sie sich Ihre Liste an.

3. Schreiben Sie in ein oder zwei Sätzen mit Ihren eigenen Worten den allgemeinen Kern der Passage auf. Versuchen Sie, einige der von Ihnen notierten Schlüsselwörter zu verwenden. Überprüfen Sie Ihre Arbeit anhand der ursprünglichen Absätze und prüfen Sie, ob etwas fehlt.

4. Schreiben Sie einen längeren Aufsatz, ohne sich auf das Original zu beziehen. Überprüfen Sie Ihre Arbeit und wiederholen Sie sie bei Bedarf.

5. Wählen Sie eine Seite zu anderthalb Seiten aus einem Roman aus und lesen Sie sie. Es muss nicht von den ersten Seiten sein.

6. Notieren Sie sich die Charakternamen (oder machen Sie sich Notizen) und ordnen Sie ein Aktionsverb oder eine Beschreibung der jeweiligen Absichten der einzelnen Charaktere zu. Schreiben Sie sie auf (oder machen Sie sich Notizen).

7. Fragen Sie sich: "Was ist der Kern der Geschichte bisher?" Vergleichen Sie Ihre Antwort mit dem Originaltext. Wenn Sie nicht korrekt waren, wiederholen Sie.

8. Fragen Sie sich: "Was ist die Einstellung für das, was ich lese?" Überprüfen Sie, ob Sie korrekt waren. Höchstwahrscheinlich bist du es! Dieser Abschnitt der Geschichte ist jetzt Ihrem Kurzzeitgedächtnis gewidmet. Wenn Sie es in ca. 1-2 Stunden überprüfen, wird es für eine längere Zeit in Erinnerung bleiben.

Kinästhetischer Lernstil: Übungen zur Verbesserung des Gedächtnisses Menschen, die die Kinetik als Lernstil verwenden, tendieren auch dazu, den visuellen Lernstil zu verwenden, der einem unterstützenden Zweck dient. Wenn zum Beispiel Klempner kommen, um Ihr Küchenablaufrohr zu ersetzen oder zu reparieren, schauen sie zuerst unter Ihr Waschbecken. Die erfahrensten unter ihnen werden die Größe der Rohre, der Verbindungen und der allgemeinen Konfiguration bereits durch flüchtige visuelle Beobachtung kennen.

1. Suchen Sie eine Karte mit den Ländern am Schwarzen Meer und untersuchen Sie sie. Stellen Sie auf einem Tisch 7 Objekte zusammen, von denen drei etwas größer sind als ein Salzstreuer, ein Pfefferstreuer und ein Saftglas. Verwenden Sie für die vier kleineren Objekte Gegenstände wie Schnapsgläser, Bohnen oder ähnliches.

2. Platzieren Sie die Objekte anhand Ihrer Karte um ein leeres Oval, das ein imaginäres Schwarzes Meer kennzeichnet. Verwenden Sie die größeren Gegenstände für Russland, die Türkei und die Ukraine und platzieren Sie sie am Schwarzen Meer. Fügen Sie die kleineren Objekte hinzu, um Georgien, Rumänien, Moldawien und Bulgarien darzustellen. Studieren Sie Ihre Konfiguration und vergleichen Sie sie mit der Karte.

3. Blenden Sie die Karte aus und mischen Sie die Objekte. Überprüfen Sie, ob Sie es erneut tun können, ohne sich auf die Karte zu beziehen. Überprüfen Sie die Karte, um Ihre Ergebnisse zu bewerten. Korrigieren und ggf. wiederholen.

4. Lesen Sie für Ihre zweite Übung eine Seite über die Spätrenaissance (oder eine andere historische Periode). Zeichne 3 Spalten. In die linke Spalte schreiben Sie die Daten. Schreiben Sie in die mittlere Spalte wichtige Schlüsselwörter - meistens Substantive (dies können nur Schlüsselwortnomen, Personen oder Orte sein). Schreiben Sie in die dritte Spalte ein Verb oder Adjektiv zu jedem Schlüsselwort. Sie mögen Strukturen und haben jetzt die historische Periode strukturell gestaltet. Überprüfen Sie Ihre Liste auf Richtigkeit.

5. Zeichnen Sie Ihre drei Spalten, ohne sich auf die Passage oder Ihre Liste zu beziehen. Fügen Sie die Daten, an die Sie sich erinnern, links ein, die Schlüsselwortnomen stehen in der zweiten Spalte und die beschreibenden Wörter in der dritten Spalte. Überprüfen Sie den Originaltext und vergleichen Sie. Bei Bedarf wiederholen und studieren.

6. Schreiben Sie nun die Informationen in Aufsatzform auf oder rezitieren Sie sie. Sie sollten dies ganz einfach tun können.

Es ist für Menschen am hilfreichsten, Übungen in Lernstilen auch in anderen Kategorien zu üben. Zum Beispiel könnte eine visuell orientierte Person eine Übung ausprobieren, die den kinästhetischen Lernstil begünstigt. Wenn Sie bei der Verwendung verschiedener Lernstile flexibel sind, steigern Sie Ihre Gedächtnisleistung.

Die Philosophen, die sich für Empirismus und Phänomenologie einsetzten, konzentrierten sich immer auf die Empfindung als das primäre Mittel, mit dem Menschen lernen. Sie glaubten, dass Wahrnehmung der erste Schritt war, um zu Wissen und Wahrheit zu gelangen. Die in den ersten beiden Kapiteln behandelten Lernstile hängen ausschließlich von Ihren Sinnen ab. So lernst du; So erinnerst du dich und so strukturierst du deine Realität.

Neugierige Fakten über den Geruchssinn Der Geruchssinn ist auch eine Sensation. Im Gegensatz zu Empfindungen, die von Ihren anderen Sinnen abgeleitet sind, macht die Erinnerung an einen Geruch tendenziell einen tieferen Eindruck. Dieser Sinn geht auf den Menschen zurück, der in prähistorischen Zeiten lebt. Es ist genetisch bedingt. Zu dieser Zeit waren die Menschen auf den Geruchssinn angewiesen, um zu überleben. Zum Beispiel waren der Geruch einer Herde wilder Tiere, der Geruch von süßen Früchten und der Geruch von kochendem Essen von größter Bedeutung. Das grundlegendste Bedürfnis, das jemand hat, ist das instinktive Überlebensbedürfnis. Ja, Gerüche verblassen nach kurzer Zeit, aber die Erinnerung an sie hält viel länger an. Wenn es sich um einen alarmierenden Geruch handelt, wie den eines großen Benzinlecks, des Brennens oder sogar des Geruchs einer Leiche, muss dieser Geruch nur einmal „gelernt" werden und wird sofort in Ihrem Langzeitgedächtnis gespeichert.

Ob Sie es glauben oder nicht, einige sehr versierte Naturforscher haben gelernt, wie man Tiere riecht. Auch Sie besitzen diese Fähigkeit! Wenn Sie am Murmeltierloch schnüffeln, spüren Sie den Geruch eines wilden Tieres! Natürlich müssen Sie sich bücken und fast bodennah riechen, um die Gerüche kleiner Tiere zu fangen. Wenn Sie sich nur ein wenig bücken und schnüffeln, können Sie sogar den Geruch von Hirschen wahrnehmen, die kürzlich vorbeigegangen sind. Wenn Sie bemerken, halten Hunde ihre Nasen in Richtung Boden und heben dann manchmal den Kopf ein wenig, um den Geruch größerer Tiere und Menschen zu spüren. Natürlich haben Hunde viel mehr Geruchsnerven als Menschen.

Assoziatives Lernen und Gedächtnis - Das Gedächtnis hängt stark von Assoziationen ab. Gegenstände, die jeden Tag gesehen werden, sind mit anderen Objekten verbunden, die normalerweise in der Nähe sind und eine Beziehung haben - eine Assoziation. Ein Computer ist mit Textverarbeitung, Datenbankverwaltung, Kommunikation, grafischer Analyse und dergleichen verbunden. Jedes dieser Elemente erinnert Sie an einen Computer. Ein Baum ist mit seiner Struktur verbunden: Stamm, Zweige, Blätter und Grün. Ähnlichkeiten werden auch erinnert. Wenn Sie beispielsweise etwas sehen, das nur ein 6-Zoll-Stängel mit einem aus dem Boden herausragenden Blatt ist, werden Sie zu dem Schluss kommen, dass es sich um einen jungen Baum handelt.

Wenn Sie die Übung für # 1-3 für den kinästhetischen Lernstil durchgeführt haben, werden Sie eines dieser Länder mit dem Schwarzen Meer verbinden. Wenn Ihnen jemand „Polen" sagen sollte, wissen Sie, dass es NICHT an das Schwarze Meer grenzt.

KAPITEL 3: INFORMATIONSSPEICHERUNG

Ihre Kontrolle über Ihr Gehirn
Menschen neigen dazu, ihr Gehirn und ihren Verstand für selbstverständlich zu halten, so wie Sie Ihre Finger für selbstverständlich halten. Versuche dies:

1. Legen Sie Ihren rechten Arm an Ihre Seite.
2. Konzentrieren Sie sich mental auf Ihre Hand.
3. Intensivieren Sie Ihre Konzentration.
4. Kribbeln deine Finger? Vibrieren sie ein bisschen?

Ja, sind Sie. Sie und Ihr Gehirn haben mehr Kontrolle über Ihr Bewusstsein, als Sie früher vielleicht geglaubt haben. Dies ist eine Überzeugung, die von jenen angenommen wird, die ein fotografisches Gedächtnis haben oder zu haben scheinen.
Konzentrieren Sie sich vor dem Auswendiglernen auf Ihr Gehirn. Das mag albern klingen, aber Sie können einen einfachen Test durchführen, um zu beweisen, dass Sie Ihren Fokus dorthin lenken und ihn stimulieren können! Versuche dies:

1. Konzentrieren Sie sich auf Ihre Großhirnrinde (Vorder- und Oberseite Ihres Kopfes)

2. Fühlst du es? Sie werden ein "volles" Gefühl wahrnehmen.

Das mag grausam klingen, aber Wissenschaftler haben das Gehirn des Verstorbenen untersucht, einschließlich des von Einstein. Das physische Erscheinungsbild des Gehirns war NICHT anders, selbst für diejenigen, die fotografische Erinnerungen hatten. Nur bei Hirntumoren oder -läsionen gibt es einen biologischen Unterschied; Dies hängt jedoch nicht mit der Intelligenz zusammen.
Sie haben ein Gehirn, das sich nicht von einer Person unterscheidet, die ein fotografisches Gedächtnis hat. Alle seine Bereiche funktionieren genauso wie die der Superintelligenten. Es hilft, die Bereiche des Gehirns zu kennen, da ein Teil Ihres Gehirns gelehrt werden kann, um Ihren Geist zu stimulieren. An der populären Front wird es Gedankenkontrolle genannt. Verwenden Sie es und

beachten Sie die Bereiche des Gehirns, die beim Lernen und Auswendiglernen aktiviert werden.

Der Frontalbereich Ihres Gehirns wird als Präfrontallappen bezeichnet. Es trifft Entscheidungen, empfängt und verarbeitet Informationen und ist für Ihre höhere geistige Leistungsfähigkeit verantwortlich. Es werden auch Erinnerungen analysiert und verarbeitet. Es codiert Informationen, wie sie in Kapitel 1 beschrieben wurden. Der Bereich Ihres Gehirns, der sich direkt hinter dem präfrontalen Lappen befindet, wird als Parietallappen bezeichnet. Es interpretiert Empfindungen, die die ersten Quellen Ihres Lernens sind. Sowohl der Präfrontallappen als auch der Parietallappen senden Signale an Ihren Hippocampus.

Wenn Sie Ihren Zeigefinger an Ihr Ohrläppchen halten und nach innen zeigen, liegt der Hippocampus tief im Inneren in Richtung der Mitte Ihres Gehirns. Es ist eine kreisförmige Struktur. Dies ist der Bereich, der dafür verantwortlich ist, ob ein Gedächtnis in das Kurzzeitgedächtnis oder das Langzeitgedächtnis verbannt werden soll. Das heißt, Sie bestimmen, ob Sie ein Gedächtnis kurzfristig oder über einen längeren Zeitraum behalten möchten oder nicht.

Als einfaches Beispiel sehen Sie, dass Ihre Kaffeemaschine ihren Zyklus abgeschlossen hat und der Kaffee fertig ist. Ihr Geist bildet ein Bild von einer Tasse Kaffee und sendet Signale an Ihre Muskeln, um sich eine Tasse zu schnappen. Ihr Hippocampus hat dies in das Kurzzeitgedächtnis verbannt. Sie haben jedoch gelernt, wo sich die Kaffeemaschine befindet, und das wird Teil Ihres Langzeitgedächtnisses. Die Informationen in Ihrem Langzeitgedächtnis werden in verschiedenen Teilen Ihres Gehirns gespeichert.

Es gibt bohnengroße Strukturen an der Basis Ihres Hippocampus, die Emotionen erfassen. Dieser Bereich heißt Amygdala. Das Gefühl, das Sie mit einem Bild oder einem Gedanken verbinden, wird oft von einem emotionalen Eindruck begleitet. Zum Beispiel: "nett-böse", "angenehm-unangenehm" und "Wut-Angst". Eine unausgewogene Ernährung, Müdigkeit, Bewegungsmangel und Emotionen wie chronische Depressionen, Angstzustände und Angst beeinträchtigen das Gedächtnis.

Die Rolle von Neurotransmittern und Hormonen bei der Gedächtnisverarbeitung Neurotransmitter sind Chemikalien, die über sogenannte Synapsen von einer Nervenzelle („Neuron") zur nächsten springen. Hormone sind Moleküle, die aus den Drüsen Ihres Körpers freigesetzt und in Ihren Blutkreislauf geschossen werden, um sie auf bestimmte Körperteile zu verteilen. Manchmal arbeiten Neurotransmitter Hand in Hand mit Hormonen. Neurotransmitter sind Eigenschaften Ihres Nervensystems. Hormone sind Eigenschaften Ihres endokrinen Systems. So wird ein Gedanke in Ihrem Kopf ein Signal an andere Nerven senden, das eine Reaktion auslöst. Die Antworten können aktiv sein, z. B. das Singen eines Liedes, für das Sie sich an die Melodie erinnern müssen. Dies würde sowohl einen Neurotransmitter als auch ein Hormon beinhalten. Die Antworten können passiver sein, z. B. das Betrachten einer Europakarte und das Erstellen eines mentalen Bildes der Karte. Dies würde nur einen Neurotransmitter beinhalten und findet im Gehirn statt.

Die von Ihrem Gehirn verwendeten Neurotransmitter sind:
　Glutamat
　Acetylcholin
　Norepineprine und Epinephrine
　Dopamin
　GABA
　Histamin
　Serotonin

Glutamat ist der wichtigste Neurotransmitter, der zum Lernen und zur Gedächtnisschärfe beiträgt. Als exzitatorischer Neurotransmitter löst es die Sekretion einer Aminosäure aus - eines Proteins namens Glutaminsäure. Dies wird von Ihrem Gehirn verwendet und wurde im Volksmund als "Gehirnbrennstoff" bezeichnet. Die Produktion von Glutaminsäure kann mit den richtigen Nahrungsbestandteilen gesteigert werden. Ernährungsvorschläge, die die Gedächtnisfunktionen intensivieren, werden in Kapitel 8 erörtert.

Acetylcholin ist ein exzitatorischer Neurotransmitter, der nicht nur Ihre Muskeln anregt, sondern Sie auch wach und aufmerksam hält. Wenn Sie eine ausreichende Menge davon in Ihrem System haben, werden Sie sich energisch fühlen; Dies fördert das Lernen und das Gedächtnis. Einfache Übungen zur Förderung der kontinuierlichen Produktion von Acetylcholin finden Sie in Kapitel 8.

Noradrenalin und Adrenalin sind exzitatorische Neurotransmitter, die Sie nicht nur mit Energie versorgen, sondern auch die

Aufmerksamkeit anregen. Sie sind exzitatorische Neurotransmitter, die die Hormone Adrenalin und Cortisol aus den Nebennieren über Ihrer Niere freisetzen. Aufmerksamkeit ist ein wichtiger Faktor bei der Kodierung von Erfahrungen. Noradrenalin und Adrenalin können bei Überstimulation schädliche Auswirkungen haben, da sie direkte Eingaben von Ihren emotionalen Zentren akzeptieren. Angst ist einer der Faktoren, die die positiven Wirkungen von Noradrenalin und Adrenalin umkehren können. Eine synthetisierte Form von Adrenalin wird häufig Menschen verabreicht, deren Herzen aufgrund eines Herzinfarkts nicht mehr schlagen.

Dopamin ist der wichtigste Neurotransmitter, der die Aufmerksamkeit unterstützt. Es trägt auch zur Motivation bei, weil es mit Belohnung verbunden ist. Es kann Sie motivieren, Ihr Gedächtnis einzusetzen, und wird Ihnen helfen, sich zufrieden zu fühlen, wenn Sie erkennen, dass es Ihnen gelungen ist, sich an eine Tatsache oder Erfahrung zu erinnern. Bestimmte Lebensmittel stimulieren die Produktion von Dopamin. Es muss im richtigen Verhältnis zu Serotonin stehen (siehe unten).

GABA wird manchmal als "Valium der Natur" bezeichnet. Es ist ein hemmender Neurotransmitter, der eine beruhigende Wirkung auf den menschlichen Körper hat und Angstzustände reduziert, die die Gedächtnisfunktion am stärksten beeinträchtigen. Baldrianwurzel ist die Basis für einige medizinische Ergänzungen, die bei seiner Sekretion helfen.

Histamin als Neurotransmitter reguliert Ihren Wach-Schlaf-Zyklus. Zweifellos kennen Sie den Begriff zur Beschreibung von Medikamenten zur Reduzierung von Allergien. ("Antihistaminikum") Zu viel Histamin stört nicht nur Ihre Wach- und Schlafregulation, sondern verursacht auch das "Schnupfen".

Serotonin ist der wichtigste regulatorische Neurotransmitter. Es überwacht das Gleichgewicht zwischen exzitatorischen und inhibitorischen Reaktionen.

Kurzzeit- und Langzeitgedächtnis Kurzzeitgedächtnis, manchmal auch als "Arbeitsgedächtnis" bezeichnet, bedeutet, was die Wörter bedeuten. Die aufgenommenen Informationen werden nur für kurze Zeit gespeichert, möglicherweise sogar nur für Sekunden oder Minuten. Die meisten Menschen mit schlechtem Gedächtnis nutzen ihr Kurzzeitgedächtnis, ohne sich die Mühe zu machen, es dem Langzeitgedächtnis zu widmen. Der Hippocampus im Gehirn ist dafür verantwortlich, eine Tatsache entweder dem Kurzzeit-

oder dem Langzeitgedächtnis zuzuordnen. Wer braucht einen "faulen" Hippocampus?

Es gibt mehrere Faktoren, die bei der Erstellung des Langzeitgedächtnisses einer Tatsache oder eines Ereignisses eine Rolle spielen. Wenn einer oder mehrere dieser Faktoren übersehen werden, werden die Informationen in der „Rundschreiben-Datei" (dem Abfallkorb) gespeichert!

Faktoren:
   Umwelt
   Motivation
   Emotionaler Status
   Biologische Bedürfnisse, z. B. Sie sind hungrig oder krank
   Selbstachtung

Zum größten Teil sind diese offensichtlich. Selbstwertgefühl kann jedoch nicht sein. Vielleicht haben Sie sich jahrelang mit irrationalen Überzeugungen über Ihre Gedächtnisfähigkeiten ernährt. Der Psychologe Albert Ellis nutzte den rational-emotionalen Ansatz, um seinen Klienten zu helfen, ihre Einstellungen zu sich selbst zu ändern. Er wies darauf hin, dass sie dazu neigen, Überzeugungen über sich selbst zu verfassen, die einfach irrational sind. In Bezug auf Ihre Fähigkeit, sich Informationen zu merken, sagen Sie sich möglicherweise eine oder mehrere der folgenden Aussagen:

1. Ich habe ein schlechtes Gedächtnis.
2. Ich erinnere mich nie an die Namen von Personen.
3. Ich würde "meinen Kopf vergessen, wenn er nicht befestigt wäre"!
4. Jeder andere erinnert sich besser an Dinge als ich.
5. Die Leute denken, ich bin dumm.
6. Ich bin leicht verwirrt.
7. Ich bin dem Gehirn verblassen.
8. Das ist langweilig.
9. Niemand kann dieses Zeug verstehen!
Ich bin ein totaler Versager!

Wenn Sie diese Einstellungen annehmen, haben Sie Ihrem Ego einen schweren Schlag versetzt. Destruktiver ist die Tatsache, dass defätistische Überzeugungen zu sich selbst erfüllenden Prophezeiungen werden können. Eine Person, die entschieden hat,

dass sie sich nicht an Namen erinnern kann, wird sich NICHT an sie erinnern!
Erstellen Sie einige positive Bestätigungen für sich. Glauben Sie ihnen, und es wird so sein!
In den nächsten beiden Abschnitten erfahren Sie, wie Sie die Gewinnchancen übertreffen und Ihre Kurzzeitgedächtnisse auf Langzeiterinnerungen übertragen können.

Ebbinghaus-Kurve des Vergessens Diese Studie zeigte, dass Menschen dazu neigen, fast die Hälfte dessen, woran sie sich erinnern, innerhalb einer Woche zu vergessen. Ein Großteil davon ist auf die Tatsache zurückzuführen, dass Fakten zuerst dem Kurzzeitgedächtnis verpflichtet werden. Danach kann es in das Langzeitgedächtnis verbannt werden oder nicht. Wenn Sie sich an einige Dinge erinnern möchten, die Sie im Laufe einer Woche oder eines Monats planen, ist dies sicherlich hilfreich, um organisierter vorzugehen. Es kann eine Hilfe sein, wenn Sie an einer Party teilnehmen und neuen Leuten vorgestellt werden.

TIPPS ZUR REDUZIERUNG DER SCHNELLEN VERGESSENHEIT

Stärken Sie Ihre anfängliche Aufmerksamkeit während des anfänglichen Codierungszeitraums.
Überprüfen Sie das Material innerhalb einer Stunde nach Erhalt.
Überprüfen Sie immer wieder. Dies wird als Überlernen bezeichnet.
Beachten Sie die Tatsache, dass Sie sich an das erste und letzte Element besser erinnern als an die dazwischen liegenden Elemente. Kompensieren Sie dies, indem Sie die Reihenfolge der Fakten ändern und sie entsprechend überprüfen.
Vermeiden Sie Multitasking.
Verwenden Sie Bilder.
„Aufteilen" ähnlicher Elemente in aussagekräftige Kategorien. (Siehe unten)
Spielen Sie Sudoku oder Kartenspiele.
Machen Sie es sich zum Ziel, das zu beenden, was Sie beginnen.
Lernen Sie jeden Tag etwas Neues. Es muss nicht wichtig sein. Es könnte etwas so Einfaches wie ein neues Wort sein.
Variieren Sie Ihren Tag. Vermeiden Sie es, immer wieder dieselben Aufgaben ad nauseum auszuführen.

Wenn Sie einen sitzenden Job haben, stehen Sie auf und gehen Sie von Zeit zu Zeit herum.
Meditieren (siehe Kapitel 6)
Trinkwasser

Wenn Sie Ihr Gedächtnis verbessern möchten, ist es wichtig, dass Sie Ihre Denkweise ändern. Sie sollten diesen Ansatz für jede Speicheraufgabe verwenden. Verwenden Sie dieses Anagramm: FUROR. F - Fokus; Verstehen; Erinnern; Organisieren; Rezension.
Fokus - Konzentrieren Sie sich auf das Material. Schließen Sie alle ablenkenden Reize aus. Wenn Sie akustisch geneigt sind, spielen Sie auf jeden Fall etwas Musik. Andere bevorzugen Ruhe. Wenn Sie kinästhetisch geneigt sind, tun Sie etwas, das eine begrenzte Bewegung erfordert. Haben Sie im ersten Schuljahr jemals Kinder gesehen? Obwohl sie möglicherweise an ihren Schreibtischen sitzen, bewegen sie ihre Beine und sogar ihre Arme in keinem bestimmten Muster. Kinder sind kinästhetisch veranlagt.
Verstehen - Bewerten Sie das vorliegende Material. Analysieren Sie es auf Assoziationen oder Ähnlichkeiten. Erfassen Sie das gesamte Thema des Absatzes oder der Seite.
Rückruf - Erinnern Sie sich kurz an das Thema und die Bedeutung der Wörter im Inhalt.
Organisieren - Platzieren Sie das Material in Gruppen ähnlicher Fakten oder Wörter. (Assoziationen) Rückblick - Gehen Sie kurz auf das Material in Ihrem Kopf ein. Überprüfen Sie es mit dem Original und nehmen Sie gegebenenfalls Korrekturen vor.
Übungen - "Chunking"
In seiner berühmten Studie entdeckte der Psychologe George Miller, dass die Anzahl der nicht verwandten Gegenstände, die zu einem bestimmten Zeitpunkt zurückgerufen werden konnten, nur zwischen 5 und 9 lag! Wenn Sie diese Elemente jedoch in Gruppen organisieren, ist die Menge der gespeicherten Informationen viel größer. In ihrem Artikel für die Encyclopedia of Human Behavior sagte Amanda Gilchrist: „Chunking ist eine der mächtigsten Strategien, um die Informationen, die wir in unserem Kopf haben, zu verbessern."
Es gibt zwei Möglichkeiten, um zu „zerhacken".

Brechen Sie die Einheiten mit Bindestrichen oder anderen Trennzeichen auf. Zum Beispiel eine Telefonnummer: 018-555-7951. Dies funktioniert weitaus besser als: 0185557951.

Kategorisieren Sie Wörter in zusammenhängende Gruppen.

Übung A: 1. Teilen Sie die folgenden Zahlen in Gruppen auf: 65916236773
2. Übertragen Sie sie in den Speicher. 3. Schreiben Sie sie auf oder zeichnen Sie sie auf. Auf Richtigkeit prüfen und ggf. wiederholen.
4. Überprüfen Sie in zehn Minuten Ihre nummerierte Sequenz.
Schritt 4 hilft Ihnen dabei, die Zahlen für einen längeren Zeitraum im Speicher zu speichern.

Übung B: 1. Sehen Sie sich diese Wörter an und untersuchen Sie sie:

Soda	Boxen
Nomen	1988
Apple	Tennis
2013	Verb
Fußball	2002
Rübe	Adjektiv

Schauen Sie sich ein Beispiel an, wie diese Wörter aufgeteilt werden können:

Soda	Rübe	Apple
Boxen	Fußball	Tennis
Nomen	Adjektiv	Verb
2013	1988	2002

Die Wörter wurden in zusammenhängende Zeilen eingeteilt oder „aufgeteilt": Essen, Sport, Wörter und Daten.
2. Wählen Sie nun einige eigene Wörter aus einer Anleitung oder einem Kochbuch aus. Wiederholen Sie die obige Aktivität.

Übung C: Diese Übung ist länger, aber es ist wichtig, sich selbst herauszufordern.

1. Anstatt Wörter in diskrete Kategorien zu unterteilen, können Sie Schlüsselwörter verwenden. Wählen Sie in der folgenden Auswahl

die Hauptkategorien aus. Dies sind Ihre Hauptschlüsselwörter. Lesen Sie jeweils die kurze Zusammenfassung. Notieren Sie sich beim Lesen die Schlüsselwörter, die Merkmale oder Beschreibungen der Kategorien sein können:

Die Beduinen sind Nomaden, die auf der Arabischen Halbinsel leben. Sie haben traditionell Kamele und Schafe gehütet. Später wurden einige Bauern.

Die Berber bestehen aus einer Reihe von Stämmen, die die Berbersprache sprechen. Die meisten von ihnen wohnen im Maghrib in Nordafrika.

Die Kopten sind Ägypter, die ihrer eigenen religiösen Sekte angehören. Sie sind Christen.

Die Drusen sind eine religiöse Sekte, die in Syrien, Jordanien und im Libanon lebt. Sie folgen neoplatonischen Idealen und glauben an die Reinkarnation.

Die Ismailis von Hunza leben in einem Berggebiet Pakistans nahe der Grenze zu China. Sie kleiden sich sehr bunt und sprechen ihre eigene Sprache.

Die Kurden leben in einem Gebiet im Nordirak, das ursprünglich Kurdistan genannt wurde. Sie sind Hirten oder züchten Ziegen und Schafe.

Die Paschtunen sind Menschen, die auf beiden Seiten der pakistanisch-afghanischen Grenze leben. Sie pflegen ihre eigenen Stammesbräuche, haben aber auch muslimische Praktiken übernommen.

Die Sufis leben in allen arabischen Ländern. Sie folgen größtenteils dem Islam, sind aber auch Mystiker, die in den Praktiken der Meditation und der spirituellen Vereinigung mit Allah geschult sind.

1. Gehen Sie die Lesung kurz durch.
2. Richten Sie zwei Spalten für sich selbst ein.
3. Schreiben Sie in die linke Spalte das Schlüsselwort für jede Kategorie.
4. Schreiben Sie in die rechte Spalte eine sehr kurze Beschreibung. Verwenden Sie so wenig Wörter wie möglich.
5. Überprüfen Sie das Material und überprüfen Sie die Richtigkeit.
6. Übertragen Sie es in den Speicher.
7. Überprüfen Sie erneut.

Überprüfen Sie das Material in 20 bis 40 Minuten erneut. Sie haben das Material nun einem Langzeitgedächtnis übergeben. Der

Grad an Übung, den Sie für solche Aufgaben anwenden, hilft Ihnen, Ihr Langzeitgedächtnis schneller und besser zu intensivieren als zuvor.

-- Sam Rhodes --

KAPITEL 4: ZWISCHENÜBUNGEN - SPEICHERLAGERUNG

Mnemonische Geräte sind Speicher-Tricks, mit denen Sie Informationen wie Listen, Personen, Orte, Objekte, Wörter und dergleichen speichern können. Menschen mit fotografischen Erinnerungen setzen diese Geräte ein.
Hinweis: Menschen mit fotografischen Erinnerungen haben übrigens nicht unbedingt einen höheren IQ als andere!

Akronyme Eines der am häufigsten verwendeten Geräte ist diese Reimserie, die visuelle Bilder verwendet: 1 - Pistole 2 - Schuh 3 - Baum 4 - Tür 5 - Bienenstock 6 - Tritte 7 - Himmel 8 - Tor 9 - Linie 10 - Stift
Übung A: Nehmen Sie diese Liste von Objekten: Taschenlampenkappe
Stuhl Kissen Lampe Regenschirm Bademantel Decke Lokomotive Schüssel Nehmen Sie die leicht zu merkende Reimserie: Pistole, Schuh, Baum, Tür, Bienenstock, Tritte, Himmel, Tor, Linie, Stift.
Denken Sie jetzt für die Liste an 1) Waffe: Eine Waffe, die viele Taschenlampen abschießt, 2) Schuh: Ein Schuh, der mit vielen, vielen Kappen gefüllt ist, 3) Baum: Ein Baum, an dem viele, viele Stühle hängen, 4) Tür : Eine Tür, aus der sich viele, viele Kissen öffnen, 5) Bienenstock: Ein Bienenstock mit vielen Lampen, 6) Tritte: Ein Unterschenkel, der viele Regenschirme in die Luft wirft, 7: Himmel: Wolken mit vielen Bademäntel darauf, 8: Tor: Ein Tor, das sich mit vielen Decken dahinter öffnet, 9: Linie: Eine Wäscheleine mit vielen daran hängenden Lokomotiven und 10) Stift: Ein mit vielen Schalen gefüllter Tierstift.

Übung B: Hier ist eine Liste, die Sie ausführen müssen: Spiegeln
Matte
Buch
Bär
Bürste
Kissen
Ohrhörer
Wackelkopf
Lupe

-- Sam Rhodes --

Armband

Buchstabenakronyme Eine andere Form der Akronymtechnik ist die Verwendung desselben Buchstabens oder derselben Buchstaben mit geringfügigen Abweichungen.
In jedem journalistischen Artikel sind beim Schreiben des Stücks eine Reihe von Merkmalen zu beachten. Diese Aspekte werden den Artikel interessanter machen und den Lesern den Punkt dennoch effektiv vermitteln. Diese Merkmale zeichnen sich durch die 5 Cs aus: Klar, zusammenhängend, verständlich, präzise und korrekt.
Journalisten verwenden auch ein Akronym, um die Fakten- und Kommentarbereiche ihrer Artikel zu entwickeln. Sie verwenden die Formel für wiederholte Buchstaben mit einer Variation: 5 W + 1 H: Wer, Was, Wann, Wo, Warum und Wie.
Das ist es, was sie für die „Lede" (Führung) in ihrer Geschichte verwenden.

Worttyp-Akronyme Journalisten beabsichtigen auch, ihre Geschichten unter Einbeziehung der folgenden Elemente zu verfassen: Zweck - Ziel?
Publikum - Arten von Lesern. Historiker? Kinder?
Geltungsbereich - Wie viele Informationen müssen enthalten sein?
Thema - Thema, wie impliziert Wenn Sie den ersten Buchstaben in jedem Element betrachten, erhalten Sie das Wort: VERGANGEN.

Übung C: Wenn Sie Ihr Gedächtnis dazu anregen, sich wichtige Informationen über eine Erzählung oder eine Komposition zu merken, müssen Sie zuerst Folgendes aufnehmen: Komposition
Erinnere dich dran
Bewerten Sie es
Analysieren Sie es
Denk darüber nach
Es verstehen
Überprüfen Sie es
Es ausdrucken.
Nehmen Sie nun die ersten Buchstaben jedes Elements in der Liste und bilden Sie ein Wort.

Akrostik Nehmen Sie eine Liste und schreiben Sie einen Satz daraus. Wenn Sie beispielsweise eine Liste von Ländern

verwenden, können Sie möglicherweise einen Satz mit dem ersten Buchstaben im Namen jedes Landes verfassen. Nehmen Sie diese Liste: Ungarn, Lettland, Österreich, Spanien, Slowenien, Türkei, Irland, Montenegro, Mazedonien, Tschechische Republik.
Akrostichon: Henry torkelt so langsam dahin, dass es mich verrückt macht.
Nehmen Sie diese Liste nicht verwandter Wörter: Schmuck, Posen, Embryo, Hass, Imperium, Gehirn, Irascible und Schafgarbe. Verfassen Sie einen Satz daraus: Akrostichon: Positives Denken im Alltag stärkt den Glauben an sich selbst.
Die Reihenfolge der Planeten von der Sonne nach außen lautet: Merkur, Venus, Erde, Mars, Jupiter, Saturn, Uranus, Neptun und Pluto.
Akrostichon: Mein sehr verehrter Erzieher murmelte nur einige nutzlose Erzählungen schwerfällig.
Für die vier Richtungen: Nord, Ost, Süd und West: Akrostichon: Essen Sie niemals matschige Würmer.
Akrostik-Beispiele, die Sie erfinden, müssen keinen Sinn ergeben. Wenn sie absurd sind, können Sie sich besser an sie erinnern. Nehmen Sie zum Beispiel eine Tatsache, an die Sie sich erinnern möchten: Allergien gegen Gluten führen zu Zöliakie.

Akrostichon: Abstrakte technische Geister lesen unschuldig gruselige Dunkelheit.
Sterne werden nach ihrem Spektraltyp klassifiziert. Es gibt sieben Klassifikationen: O, A, B, K, F, G und M. Stellen Sie sich einen dummen Satz vor, der mit dem ersten Buchstaben der Sternklassen beginnt.

Assoziatives Gedächtnis Menschen können neue Netzwerke von Verbindungen zwischen Erinnerungen und einem nicht verwandten Reiz verändern und hinzufügen. Das Ändern dieser Muster wird als Neuroplastizität bezeichnet. Die Annahme, dass Ihr Gehirn aufgrund Ihres IQ während des gesamten Lebens immer gleich bleibt, ist falsch. Dies war ein früher gehaltener Glaube. Leider sind zu viele Menschen zu dem Schluss gekommen, dass ihre Gehirnentwicklung nur während ihrer Kindheit stattfindet und danach statisch bleibt. Neuroplastizität schafft neue Nervenbahnen, die in Ihren früheren Jahren nicht etabliert wurden. In diesem Sinne ist Ihr Gehirn nicht statisch.

Ein primitives Beispiel für assoziatives Gedächtnis ist die Assoziation von „Grün" mit „Los" und „Rot" mit „Stopp". Menschen haben jedoch im Laufe ihres Lebens verschiedene Arten von Vereinigungen gegründet. Angenommen, Sie treffen eine Frau, die ein extrem starkes Parfüm verwendet - einen Lavendelduft - und dadurch wird Ihnen etwas übel. Wenn Sie das nächste Mal einen Lavendelduft riechen, werden Sie sich an diese bestimmte Frau erinnern. Wenn Sie diese Frau auf einer belebten Straße sehen, werden Sie ebenfalls an den starken Geruch erinnert. Es kann sogar automatisch zu Übelkeit kommen, ohne dass Sie dieser ausgesetzt sind. Der Verein geht oft in beide Richtungen.

Die Sinne spielen eine wichtige Rolle in assoziativen Erinnerungen. In dem oben genannten Fall hatte es mit dem Geruchssinn zu tun. Es könnte genauso gut gesund sein. Der berühmte Behaviorist BF Skinner (und andere) brachte den Tieren bei, auf ein Geräusch zu reagieren. Zum Beispiel lehrte das Klingeln einer Glocke die Hunde, dass das Futter bald eintreffen würde. Als Reaktion auf nur das Klingeln der Glocke würden die Hunde anfangen zu salzen.

Das Gedächtnis beim Menschen hängt von Verbindungen und Assoziationen zwischen Objekten ab, die regelmäßig zusammen gesehen werden. Dies zeigt an, dass die Neuronen „gelernt" haben, Wege zu schaffen, die eine Visualisierung mit einer anderen verbinden.

Links können komplex werden. Der Geruch von Hot Dogs beim Kochen erinnert Sie an ein Picknick. Von dort aus können Sie sich an das letzte Picknick erinnern, an dem Sie teilgenommen haben. Dann werden Sie sich daran erinnern, wie ein Typ bei diesem Picknick laut war. Dann erinnern Sie sich vielleicht an andere Run-In's, die Sie mit lauten Leuten hatten. Dann denken Sie vielleicht an einige andere Rowdy-Leute, die Sie in Ihrem ganzen Leben gekannt haben... und so weiter. Aus einer Erinnerung entsteht eine andere.

Übungen in Verbänden

Übung A: Sie müssen sich einige wichtige Dinge merken, die Sie an dem Tag tun müssen, an dem Sie von der Arbeit zurückkehren.
Sie sind: Versicherungsrechnung bezahlen
Wäsche waschen und trocknen
Müllsäcke kaufen
Kaufen Sie eine Spitzzange im Baumarkt Call Leo
An der Oberfläche scheint es keine Beziehung zwischen den Zielen zu geben; Dadurch wird es einfacher, eine oder mehrere

Aufgaben in der Liste zu vergessen. Das Gehirn ist jedoch „fest verdrahtet", um visuell zu denken, sodass Sie eine visuelle Technik verwenden können, um sich an diese Dinge zu erinnern. Es wird nur aus dem Kurzzeit- oder Arbeitsgedächtnis verwendet.

Versuchen Sie dies mit der obigen Liste. Stellen Sie sich eine Waschmaschine und einen Trockner in Ihrem Waschraum vor. Stellen Sie sich dort vor. Auf der Waschmaschine liegt Ihre Versicherungsrechnung. Stellen Sie sich vor, Sie werfen Müllsäcke in die Waschmaschine! Stellen Sie sich vor, Sie nehmen aus Ihrem Trockner eine Spitzzange heraus! Auf dem Trockner sitzt dein Freund Leo.

Übung B: Wenn Sie Ihren Benzintank füllen und Ihre Schuhe vom Schuhreparaturmann abholen müssen, stellen Sie sich vor, Sie gießen Benzin in Ihre Schuhe!

Übung C: Neuroplastizität im Gehirn hat, wie bereits erwähnt, mit dem Aufbau neuer Verbindungen im Gehirn zu tun. Für das folgende Stück ist die Herausforderung etwas schwieriger, aber das Assoziationsmuster wird angegeben.

Lesen Sie zuerst dieses Stück über Schriftsteller im Japan des 20. Jahrhunderts, und Sie werden eine neue Struktur von Assoziationen aufbauen, die eine Tatsache mit einer anderen und einer anderen verbinden.

Literarische Figuren beschäftigten sich mit einer Vielzahl von Themen. Einige wandten sich für ihre kreativen Ideen der traditionellen Zeit zu, während andere von internationalen Strömungen fasziniert waren. Tanizaki Junichiro war berühmt für sein Buch mit dem Titel Die Makioka-Schwestern, eine Geschichte von vier Schwestern, die versuchen, nach dem Tod ihres herrschsüchtigen Vaters im Leben zu überleben. Kawabata Yashunari hatte eine stilistische Vorliebe für Heian-Schriften. Mit einem psychologischen Ansatz schrieb er einige Romane, darunter das Snow Country und Thousand Cranes. Abe Kobo war berühmt für seine Erzählung "Frau in den Dünen", für die er einen nihilistischen Standpunkt einnahm. Realistische Kriegsromane waren die bevorzugten Themen für Ooka Shohei, wie in seinem Buch Fires in the Plains zu sehen ist. Auf der anderen Seite konzentrierte sich Noma Hirushi auf die Brutalitäten gefangener Soldaten, die in einem Militärlager festgehalten wurden. Dies wurde in ihrem Buch mit dem Titel Zone of Emptiness hervorgehoben.

-- Sam Rhodes --

Benennt Bücher Stil / Thema

Junichiro	*Makioka Schwestern*	Traditionell
Yashunari	*Schneeland* Tausend Kraniche	Psychologisch
Kobo	*Frau in den Dünen*	Nihilistisch
Shohei	*Feuert in der Ebene*	Kriegerisch
Hirushi	*Zone der Leere*	Militärische Haft

Sie müssen sich hier nicht auf die gesamte Erzählung erinnern, sondern auf drei Datensätze, die kategorisiert und klassifiziert sind. Ihre Assoziationen sollten sich aus der Zuordnung eines Namens zu einem Buchtitel und seinem Stil oder Thema beim Schreiben zusammensetzen.

Übung D:
Lesen Sie diesen Artikel über den Nobelpreis für Chemie, und dann wird ein assoziatives Diagramm entwickelt.
Drei Wissenschaftler erhielten den Nobelpreis für ihre Fortschritte auf einem Gebiet, das die Entwicklung vieler Miniaturmaschinen und -geräte auslösen wird, die für die Computerentwicklung und das wissenschaftliche Gebiet der Physiologie hilfreich sein werden. Ein Franzose namens Jean-Pierre Sauvage, ein niederländischer Wissenschaftler, Bernard Feringa, und Fraser Stoddard, ein schottischer Wissenschaftler, wurden für ihre Arbeit bei der Entwicklung von Geräten geehrt, die extrem klein waren - so winzig, dass über 1.000 von ihnen es konnten in der Breite eines Summens ausrichten

Nobelpreis Chemie	Sauvage	Winzige Geräte für den Einsatz in der Computertechnologie und für den menschlichen Körper
	Feringa	
	Stoddard	

Sie können auch einen dummen Satz erstellen, um sich an die Informationen zu erinnern: Sauvage, Stoddard und Feringa sind drei winzige Wissenschaftler, die den Nobelpreis gewonnen haben. Ihre Namen, das Wort „winzig" und die Wörter „Nobelpreis" würden ausreichen, um die Informationen in Erinnerung zu behalten. Natürlich müssen Sie sich der Aufgabe des Lesens mit Ihrer ungeteilten Aufmerksamkeit nähern. Andernfalls werden Sie es nicht richtig codieren und sich nicht daran erinnern, worauf sich das Schlüsselwort "winzig" bezieht.

Übung E: Lesen Sie diese Geschichte über zwei andere Nobelpreisträger:

Das Verfassen von Verträgen ist ein sehr herausfordernder Prozess. Oliver Hart von der Harvard University und Bengt Holmstrom vom Massachusetts Institute of Technology erhielten für ihre bahnbrechenden Bemühungen um die Entwicklung effektiverer und fairer Verträge den Nobelpreis für Wirtschaftswissenschaften, der im Oktober 2016 in Schweden verliehen wurde. Hart stammt ursprünglich aus London und Holmstrom lebt in Finnland.

Ein alberner Satz kann formuliert werden, der die wichtigen Informationen, d. H. Die Namen der Männer, ihren Beitrag und ihre Auszeichnung, verknüpft. Dummer Satz: Es gab einen fairen und effektiven Vertrag zwischen Hart und Holmstrom, der den Nobelpreis gewann.

Übung F: Lesen Sie diese Geschichte und entwickeln Sie Ihr eigenes assoziatives Diagramm oder Ihren eigenen dummen Satz:

Der russische Präsident Wladimir Putin und der türkische Präsident Recep Tayyip Erdogan ließen die Energieführer ihrer Länder das Projekt „Turkish Stream" unterzeichnen, eine Pipeline, die Gas von Russland in die Türkei transportieren würde. Es würden dann die Nationen verteilt, die die Europäische Union bilden. Dieses Ereignis fand auf dem Weltenergiekongress in Istanbul statt.

Übung G: Lesen Sie dieses Stück und entwickeln Sie Ihr eigenes Diagramm:

Die Serben sind eine slawische Nation und den Kroaten ethnisch ähnlich. Die Kroaten sind jedoch römisch-katholisch und verwenden das lateinische Alphabet, während die Serben der orthodoxen Kirche angehören und das kyrillische Alphabet verwenden, ergänzt durch spezielle Zeichen für die besonderen Klänge der serbischen Sprache. Die erste Erwähnung der Serben findet sich im 9. Jahrhundert. Über ihre früheste Geschichte ist nichts bekannt, außer dass sie als Landbevölkerung in Galizien nahe der Quelle des Flusses Dnister lebten. Zu Beginn des sechsten Jahrhunderts wanderten sie an die Ufer des Schwarzen Meeres. Sie wohnten dort, bis der Kaiser Heraklius sie einlud, sich in den zerstörten nordwestlichen Provinzen des Byzantinischen Reiches niederzulassen, um das Gebiet vor den Invasionen der Bararen durch die Barbaren zu verteidigen.

KAPITEL 5: BEZIEHUNG VON AUFMERKSAMKEIT UND SPEICHER

Es gibt viele Reize, die täglich auf Menschen einwirken. Wenn all diese Reize in den Fokus geraten, ist das Ergebnis völlige Verwirrung und Kontrollverlust. Speicherfunktionen werden behindert, wenn eine Person die Eingabe nicht einschränkt. Wenn Sie jemandem mit einem fotografischen Gedächtnis eine herausfordernde Frage stellen würden, würde er / sie kurz in die Stille fallen. Der Gesichtsausdruck der Person würde sagen: "Ich denke nach." Wenn Sie etwas weiter sagen, wird diese Person Sie nicht einmal hören! Er oder sie hat alle Störungen „abgeschaltet". Diese Person hat nur begrenzten Einfluss auf ihren Geist.

Ihre Erfahrung kann anders sein. Zum Beispiel können Sie auf Ihrem Schreibtisch sitzen und Verkehr auf der Straße, ein Flugzeug und ein Vogel-Tweeten hören. Möglicherweise spüren Sie eine Brise auf Ihrem Gesicht aus einem offenen Fenster, einen Juckreiz auf Ihrem Arm, den Stoß Ihrer Katze gegen Ihr Bein und einen Wassertropfen auf Ihrem Kopf von einem Dachleck. Vielleicht sehen Sie Äste im Wind schwingen, Schatten fallen auf den Rasen, Wolken bewegen sich über den Himmel und so weiter. Das sind nur die unmittelbaren Empfindungen. Sie haben auch Emotionen, die sich in Ihnen aufrühren, von denen einige negativ sein können. Vielleicht bist du besorgt oder ängstlich. Diese emotionalen Ereignisse gelten auch als störende Reize. Nur der Verstand kann auswählen, auf welchen Reiz oder welche Reize er sich konzentrieren soll. Nur Sie können Eingaben in Ihren Geist begrenzen.
Ohne die richtige Auswahl und Aufmerksamkeit der Eingaben ist es unwahrscheinlich, dass die Erinnerungsfähigkeit verbessert wird.

Aufmerksamkeitsdefinition Aufmerksamkeit ist ein mentaler Prozess, durch den ein Objekt klarer und deutlicher erfasst wird als alle anderen Reize, die es gibt. Die volle Aufmerksamkeit bewirkt, dass ein bestimmtes Objekt in das unmittelbare Bewusstsein aufgenommen wird und der Rest der Reize an den Rand gedrängt wird. Wenn man sich auf ein Lied konzentriert, das im Hintergrund gespielt wird, kann es sogar lauter erscheinen, obwohl es in Wirklichkeit keine Lautstärkeerhöhung gab. Aufmerksamkeit bietet einem die Möglichkeit, klar zu denken.

Prozess der Teilnahme William James, der Psychologe und Philosoph, ist einer der wichtigsten Theoretiker, auf die noch immer Bezug genommen wird, um eine Theorie zu entwickeln, die sich darauf bezieht, wie eine Person sich einer Aufgabe nähern muss, um ihre Retentionskraft zu erhöhen. Ihm zufolge: „Es (Aufmerksamkeit) ist die Inbesitznahme eines von mehreren scheinbar gleichzeitig möglichen Objekten oder Gedankengängen durch den Geist in klarer und lebendiger Form. Fokussierung, Konzentration des Bewusstseins ist von wesentlicher Bedeutung. Es bedeutet, sich von einigen Dingen zurückzuziehen, um effektiv mit anderen umzugehen."
Wenn Sie Informationen verschlüsseln und später abrufen, gibt James an, dass 5 Funktionen aktiviert werden müssen: 1. Übernehmen Sie die Kontrolle über Ihr Bewusstsein.

2. Betrachten Sie jeweils EIN und nur EIN Element.
3. Konzentrieren Sie sich genau auf dieses Element oder diese Information.
4. Ziehen Sie sich von anderen Reizen zurück, die in Ihre Sinne eindringen.
5. Beseitigen Sie Ablenkungen entweder physisch oder psychisch.
Es gibt kein "Multitasking"! Niemand kann mehr als eine Sache gleichzeitig tun. Eine Person ist kein Tintenfisch! Es ist wahr, dass man möglicherweise eine Reihe verwandter Dinge in einer Sitzung erledigen muss. Die Person kann sich jedoch jeweils nur auf eines dieser Elemente konzentrieren. Das ist die Natur des Menschen.
Aufmerksamkeitsspanne Eine Vielzahl klinischer Studien hat gezeigt, dass die Aufmerksamkeitsspanne einer durchschnittlichen Person in einem bestimmten Zeitraum nur acht Sekunden beträgt! Mit etwas Energie kann eine Person sie auf nur etwa zwanzig Minuten erhöhen!

Timer Eine Technik besteht darin, einen Timer zu verwenden. Stellen Sie es auf fünfundzwanzig Minuten ein. Zeit zum Atmen. Atme ein paar Mal ein. Entspannen. Setzen Sie dann den Timer auf die nächsten 25 Minuten zurück und stecken Sie weiter.

Wenn Sie Informationen in Blöcke aufteilen, können Sie viel mehr erreichen.

"Rückzug"
William James hat gesagt, dass man sich von allen Reizen „zurückziehen" muss, die eine Person von der Sache abbringen. In der heutigen Zeit ist das noch schwieriger als zu Zeiten von William James. Seit dem Aufkommen der Technologie und des Computers gibt es eine Verschwörung, die sich auf die breite Öffentlichkeit auswirkt. Beim Lesen eines Computerbildschirms wird die Person durch eine Reihe von Signaltönen, Popup-Anzeigen und sprechenden Videos unterbrochen, um die Aufmerksamkeit von der eigentlichen Aufgabe abzulenken. Es ist natürlich eine Anstrengung, seitens des Eindringlings Geld zu verdienen. Wie bedürftige Kinder möchten sie, dass Sie etwas tun, für das Sie sich nicht entschieden haben.

Beseitigung von Ablenkungen Es ist sehr schwierig, die ablenkenden Reize auszuschalten. Stellen Sie sich vor, Ihr Geist ist wie ein Laserstrahl, der auf den unmittelbaren Gegenstand vor Ihnen fokussiert. Erinnern Sie sich daran, dass Sie der Meister des Computerbildschirms vor Ihnen sind. Fahren Sie herunter und schließen Sie den Eingang zu allen Eindringlingen. Es ist großartig, sich als Diktator Ihres privaten Königreichs zu fühlen!

Das "Bully Brain"
Ihr eigenes Gehirn kann Ihre Bemühungen, die Aufmerksamkeit aufrechtzuerhalten, verraten. Sie benötigen nicht einmal das Internet, um in Ihren Desktop einzudringen. Direkt unter dem Großhirn sind eine Reihe von Strukturen, die andere Funktionen ausführen, der Hauptschwerpunkt Ihrer Aufmerksamkeit und Ihres Fokus. Sie bilden das sogenannte limbische System. Das limbische System überwacht Ihre Instinkte, Ihre Stimmung und Ihre Emotionen - das „Bully Brain". Dort befindet sich auch der Hippocampus, wie bereits erwähnt. Das kümmert sich um Ihre Speicherfunktionen. Sie möchten nicht, dass die anderen Aspekte des limbischen Systems Ihre Speicherfunktion mehr unterbrechen, als dass das Telefon klingelt, während Sie sich konzentrieren.
Das „Bully Brain" bringt Dränge in Ihr Bewusstsein. Die am schwierigsten zu handhabenden dieser Dränge sind:
   Wunsch zu essen

Wunsch nach Freizeit
Wunsch nach Schlaf
Soziale Impulse

In Bezug auf Ihre sozialen Impulse könnten Sie gezwungen sein, Ihren Twitter-Feed zu lesen, Ihre bevorzugte Diskussionsgruppe zu besuchen, Ihre E-Mails zu lesen, einen Anruf zu tätigen und so weiter.

Bringen Sie sich bei, wie Sie diese Impulse bis später abschalten können. Dies wird Ihnen helfen, sich weniger schuldig zu fühlen, wenn der Tag vorbei ist.

Erstellen Sie einen neuen Zeitplan für Ihre nächsten zwei Zeitblöcke. Hierfür können Sie den Lese- / Schreib-Lernstil verwenden. Kreuzen Sie jedes Element an, während Sie die Liste durchgehen.

Planen Sie auch Dinge, die Sie später erledigen möchten.

Ablenkungen ausschalten Schalten Sie Ihr Handy aus und schließen Sie Ihr E-Mail-Programm. Mach die Tür zu deinem Büro zu. Tragen Sie Kopfhörer mit Geräuschunterdrückung, um Umgebungsgeräusche um Sie herum zu unterdrücken.

Wenn Sie diese Popup-Anzeigen sehen, während Sie eine Webseite besuchen, klicken Sie schnell auf das „X", ohne es zu lesen oder die Bilder anzusehen. Vermeiden Sie es, die Seitenleiste rechts zu bemerken.

Die Fähigkeit dazu wird als „kognitive Kontrolle" bezeichnet.

Die Emotionen Es ist ein Wunder, dass sich die menschliche Natur im Laufe der Jahre nicht verändert hat. Bereits im 1. Jahrhundert sagte ein lateinischer Schriftsteller namens Publius Syrus: "Beherrsche deine Gefühle, damit deine Gefühle dich nicht beherrschen!" Wilde und ungezähmte Emotionen, die durch Ihren Geist strömen, führen zu Aufruhr, Angst, Stress und Anspannung. Sie beeinträchtigen ständig Ihren Fokus und Ihre Aufmerksamkeit.

Emotionaler IQ ist die Fähigkeit, sich des eigenen emotionalen Zustands bewusst zu werden und zu lernen, damit umzugehen, ihn zu kontrollieren und sogar seine negativen Auswirkungen umzukehren. Der Begriff „emotionale Intelligenz" wurde erstmals 1990 von Salovey und Mayer geprägt.

Schlechtes Selbstwertgefühl ist das schwächste aller Ihrer emotionalen Bedürfnisse.

-- Sam Rhodes --

Emotionale Übung A:
Machen Sie eine Liste aller negativen Dinge, die Sie an sich nicht mögen.
Eine der effektivsten Möglichkeiten, Ihre negativen Emotionen zu überwinden, ist die Anwendung des dritten Newtonschen Gesetzes, das besagt, dass es für jede Kraft eine gleiche und entgegengesetzte Kraft gibt.
Machen Sie JETZT eine Liste aller positiven Dinge, die Sie an sich mögen. Arbeite hart daran.
Der Bruder des Selbstwertgefühls ist das Bedürfnis nach Wertschätzung anderer.
Um die Wertschätzung anderer zu erlangen, müssen Sie sich auf andere richten. Sie müssen sich die Zeit nehmen, um die andere Person zu erreichen und zu bemerken. Wenn Sie einen anderen fragen: "Wie geht es Ihnen?" Sie werden "Gut" sagen. Das reicht nicht aus, um Ihr Interesse zu zeigen, also fügen Sie hinzu: „Nein, ich meine, wie geht es Ihnen wirklich?
Jetzt haben Sie die Aufmerksamkeit und das Interesse der anderen und haben ihre Wertschätzung für Sie erhöht.
Sowohl das Selbstwertgefühl als auch die Sicherung der Wertschätzung anderer befreien Sie, sodass Sie Ihre Aufmerksamkeit leichter auf die Aufgaben richten können, mit denen Sie konfrontiert sind. Wenn Sie glauben, dass Sie nicht gut sind oder dass niemand Ihnen vertraut oder sich um Sie kümmert, wird dies Ihre Fähigkeit, Ihre Aufmerksamkeit zu konzentrieren, stark emotional belasten. Ohne auf eine Aufgabe zu achten, beeinträchtigt die emotionale Barriere Ihre Fähigkeit, sich an bestimmte Informationen zu erinnern und diese abzurufen. Es wird wie statisch auf Ihrem Radio sein. Wer kann eine Melodie hören, wenn es ständig statisch ist? Kapitel 7 in diesem Buch befasst sich weiter mit der Beziehung zwischen Emotionen und Erinnerung.
Pausen Es scheint offensichtlich, wenn auch nicht immer für manche, dass Menschen ein angeborenes Bedürfnis nach Veränderung haben. Dies kann nur eine einfache Fahrt zur Kaffeemaschine für eine schnelle Tasse sein. Haben Sie jemals bemerkt, dass viele offene Unternehmensbüros viele leere Schreibtische haben? Wo sind alle? Sie gehen herum und machen die Pausen, die sie so dringend brauchen, um die Monotonie zu brechen und die Routine aufzupeppen. Mach es selbst, wenn auch nicht bis zum Äußersten.

Interaktion, Zuhören und Aufmerksamkeit Um die Aufmerksamkeit zu erhöhen, muss zuerst zugehört werden, wenn Material mündlich geliefert wird.

Nehmen Sie zum Beispiel das jüngste Interview mit einem Radiosprecher:

Ansager: "Sie haben gesagt, dass Sie nicht zulassen werden, dass der britische Automobilbau in Zukunft benachteiligt wird. Können wir uns darauf einigen, dass Nissan und die anderen Unternehmen benachteiligt würden, wenn sie Zölle auf ihre Exporte zahlen müssten?"

Befragter: „Nun, zunächst einmal, nur um zu bestätigen, was Sie sagen, ist dies ein großer Moment nicht nur für Nissan, sondern auch für die Menschen in Sunderland. Wenn Sie heute Morgen mit einem Ihrer Kollegen sprechen, kennen sie die Leute dort. Und es ist meine Aufgabe, Nissan und anderen Investoren die Zusicherung zu geben, dass Großbritannien auch in Zukunft ein großartiger Ort für Investitionen sein wird. Ich habe das geschafft, und das war das Ergebnis, das wir diese Woche angekündigt haben."

Ansager: "Kommen wir dann auf meine Frage zurück, würden die Tarife Nissan benachteiligen?"

Beachten Sie in dieser Interaktion, dass der Ansager den Antworten wirklich zugehört hat. Er war konzentriert und aufmerksam. In seiner Folgefrage erinnerte sich der Ansager an seine eigene Frage und bewertete die Antwort im Lichte dieses Wissens.

Betrachten Sie dieses Beispiel:

Ansager: "Wie wird sich diese geplante Gasaufgabe Ihrer Meinung nach auf die kämpfende Mittelschicht in diesem Staat auswirken?"

Befragter: „Unsere Straßen und Brücken sind für unsere Pendler der Mittelklasse aufgrund ihrer bröckelnden Infrastruktur zunehmend weniger sicher. Viele dieser Überführungen und Brücken wurden tatsächlich in den 1920er Jahren gebaut. Tatsächlich mussten wir die Stickel-Brücke über die Raritan-Bucht wegen der Schwächung der Stützpfeiler schließen."

Ansager: „Auf dem Weg zum Radiosender war ich selbst in einen enormen Stau verwickelt, weil der gesamte Verkehr zur Parkway Bridge umgeleitet werden musste."

Beachten Sie im obigen Beispiel, dass der Befragte der Frage erfolgreich ausgewichen ist, indem er nur tangential verwandte Informationen erstellt hat. Er konnte den Ansager ablenken, der sich NICHT an seine ursprüngliche Frage erinnerte, indem er den Fokus und die Aufmerksamkeit verlor.

Der andere Faktor, der eine große Rolle spielt, ist die Versuchung, sich auf die nächste Frage (oder Antwort) zu konzentrieren, anstatt tatsächlich zuzuhören, was zuerst gesagt wurde. Menschen machen diesen Fehler oft, wenn sie bei einem gesellschaftlichen Treffen eine neue Person treffen. Zum Beispiel könnten sie eine Person nach ihrem Namen fragen. Anstatt jedoch auf die Antwort zu hören, verfassen sie die nächste zu stellende Frage. Das Ergebnis lautet daher: "Wie war Ihr Name noch einmal?"

Der bekannte amerikanische Schriftsteller James Patterson sagte einmal: "Ich verpasse nie eine gute Chance, die Klappe zu halten." Er hat gute Hörfähigkeiten.

Tipps zur Verbesserung Ihrer Hörfähigkeiten

Hören Sie sich die GANZE Nachricht an, die eine Person übermittelt.

Beobachten Sie seine KÖRPERSPRACHE, um die emotionale Absicht des anderen zu bestimmen, während Sie die Geschichte erzählen.

Bitten Sie um eine Erklärung dessen, was der andere gesagt hat. Springe niemals zu Schlussfolgerungen. Diese basieren normalerweise auf Ihren eigenen Erfahrungen, nicht auf denen der anderen Person.

Kontakt mit jeweils nur einer Person. Dies ähnelt dem früheren Vorschlag, dass Multitasking unrealistisch ist.

Vermeiden Sie es, Mobiltelefone oder andere Geräte zu überprüfen, während Sie andere hören.

LASSEN SIE IHRE EMPFINDLICHKEITEN AN DER TÜR. Manche Menschen hören möglicherweise aufgrund ihres geringen Selbstwertgefühls defensiv zu. Während sie zuhören, sind sie auf der Suche nach etwas, das eine Person sagt und das als Reibung ausgelegt (falsch interpretiert) werden kann.

Vermeiden Sie den Versuch, die Erfahrungen anderer mit etwas zu vergleichen, das Sie selbst erlebt haben. Auch das ist defensiv.

Verwenden Sie offene Fragen.

Betrachten Sie in Bezug auf offene Fragen das folgende Beispiel: Sie unterhalten sich mit jemandem, der von Beruf Bäcker ist. Sie könnten mit der Frage beginnen: "Wie verdicke ich die Pfirsichmischung zum Backen einer Pfirsichpastete?" Vergessen Sie Ihr Problem mit dem Pfirsichkuchen! Stellen Sie eine offene Frage wie: "Was ist Ihr Lieblingsessen zum Backen?" Jetzt haben Sie die Person verlobt und Sie haben ihr das warme Gefühl gegeben, dass Sie die Art der Arbeit, die sie leisten, wirklich schätzen. Darüber hinaus haben Sie der anderen Person den Eindruck vermittelt, dass Sie sie als Experten für Backfragen betrachten. Darüber hinaus hilft Ihnen diese Verstärkung, sich an das Gespräch zu erinnern. Ein weiterer Vorteil davon ist die Tatsache, dass Sie das Thema bei der nächsten Begegnung ansprechen können. So beginnen Freundschaften. Beziehungen auch!

Sie haben Ihr Bedürfnis nach Wertschätzung auch anderer effektiv erfüllt. Ein schöner Bonus!

Es ist interessant darüber nachzudenken, dass andere möglicherweise nur angespannt sind, da Sie sich in einer sozialen Situation befinden, in der er oder sie möglicherweise nicht zu viele der anderen kennt. Wenn Sie sich etwas ängstlich fühlen, fühlen sich höchstwahrscheinlich auch andere Menschen so.

-- Sam Rhodes --

KAPITEL 6: TECHNIKEN ZUR VERBESSERUNG DER AUFMERKSAMKEIT - MEDITATION

Während der Wachsamkeit erzeugt Ihr Gehirn elektronische Wellen, die als Beta-Wellen bezeichnet werden. Sie benötigen diese, um bei der Arbeit und zu Hause bei verschiedenen Aktivitäten zu funktionieren. Das nächste Gehirnwellenmuster ist langsamer als das Alpha-Wellenmuster. Es ist ein Wachmuster, aber entspannter. Viele Menschen mit fotografischen Erinnerungen manifestieren dieses Muster die meiste Zeit. Meditation verbessert die Alpha-Gehirnwellen und einen entspannteren Geist.

Achtsamkeit und Stressabbau Dr. Kabat-Zinn war der Urheber des auf Achtsamkeit basierenden Stressreduktionsprogramms. Anfänglich entstand es aus den Bedürfnissen von Patienten, die unter Schmerzen und Angstzuständen leiden. Später entdeckte er, dass die Technik eine breitere Anwendung hatte.

In den Jahren nach diesem monumentalen Befund haben viele Wissenschaftler, Soziologen und Psychologen seine Wirksamkeit bei der Reduzierung von Stress untersucht. In ihrer Studie für die Zeitschrift Emotion 2010 stellten Jha, Stanley, Kiyonaga, Wong und Gelfand fest, dass die Praxis der Achtsamen Meditation „… vor Funktionsstörungen schützen kann, die mit Kontexten mit hohem Stress verbunden sind". Laut ihrem Artikel für das European Journal of Psychology haben ihre klinischen Ergebnisse gezeigt, dass die positiven Auswirkungen der regelmäßigen Praxis der Achtsamkeitsmeditation Stress, einschließlich Stress aufgrund sozialer Angst, signifikant reduzieren. Selbstakzeptanz, emotionales Einfühlungsvermögen, persönliches Wachstum und Selbstverbesserung wurden verbessert. Dies hat sich über einen bestimmten Zeitraum als richtig erwiesen.

Achtsamkeitsmeditationsübung Nr. 1

1. Schalten Sie Ihr Handy oder andere störende Geräte aus.

2. Nehmen Sie ein Glas und einen kleinen Löffel, die ein Kribbeln verursachen, wenn Sie darauf auf das Glas klopfen.

3. Sitzen Sie in einer bequemen Position auf einem weichen Stuhl oder was auch immer Sie bevorzugen.

4. Lassen Sie Ihre Arme lose an Ihren Seiten hängen.

5. Tippen Sie vorsichtig auf Ihr Glas.

6. Schließen Sie Ihre Augen oder werfen Sie sie einfach nieder.

7. Hören Sie ganz genau auf Ihre Atmung. Atme ein und dann sanft aus. Hör mal zu; Höre auf die Geräusche deiner Atmung.

8. Fühlen Sie den Aufstieg und Fall Ihres Bauches beim Atmen.

9. Konzentrieren Sie sich auf Ihren Körper und entspannen Sie ihn nach und nach. Beginnen Sie mit den Zehen und bewegen Sie sich dann zu den Füßen, Beinen und so weiter.

10. Lenken Sie die Aufmerksamkeit wieder auf Ihre Atmung und hören Sie zu.

11. Gedanken dringen ein, kleine Erinnerungen an Dinge auf Ihrer "To Do" -Liste. Akzeptiere die Tatsache, dass diese Gedanken aufgetaucht sind, aber konzentriere deine Aufmerksamkeit wieder auf deine Atmung.

12. Fühle den Aufstieg und Fall deines Bauches. Jedes Mal, wenn ein Gedanke eindringt, akzeptiere ihn, aber bleibe nicht bei ihm. Richten Sie Ihre Aufmerksamkeit wieder auf das Geräusch Ihrer Atmung.

13. Hören Sie ganz genau auf Ihre Atmung. Atme ein und dann sanft aus. Hör mal zu; Höre auf die Geräusche deiner Atmung.

14. Zählen Sie, während Sie einatmen und während Sie ausatmen. Hören Sie weiter zu und spüren Sie das Heben und Sinken Ihres Bauches.

15. Tippen Sie mit dem Löffel auf Ihr Glas, um das Ende der Meditation anzukündigen. (Vergessen Sie nicht, Ihr Handy wieder einzuschalten!)

-- Sam Rhodes --

Setzen Sie diese Meditation für Ihre ersten Sitzungen etwa fünfzehn Minuten lang fort. Wenn Sie während dieser Meditation zum Einschlafen neigen, sagt Ihnen Ihr Körper, dass Sie nicht genügend Schlaf bekommen. Erwachsene müssen 7-8 Stunden am Tag schlafen.

Achtsamkeitsmeditationsübung Nr. 2

1. Wenn das Wetter es zulässt, gehen Sie in einer sternenklaren Nacht nach draußen. Bringen Sie Ihr Glas und Ihren Löffel mit, wie Sie es für Meditation Nr. 1 getan haben.

2. Sitzen Sie in einer entspannten Position. Schauen Sie sich die unzähligen Sterne an, die an einem transparenten Vorhang über dem Weltraum hängen. Lassen Sie Ihren Geist in dem Wunder verlieren.

3. Sie werden die Geräusche der Nacht hören. Lass sie rein und lass sie weitergeben. Andere Gedanken werden dich unterbrechen. Lassen Sie sie passieren, ohne weiter über diese Themen nachzudenken. Konzentriere dich, konzentriere dich auf das Universum über dir und „höre" auf die Stille des Himmels. Du bist ein Teil des Universums und es ist in dir.

4. Halten Sie Ihren Kopf nach hinten zum Himmel geneigt. Mach langsam die Augen zu.

5. Atme langsam und höre auf deine Atmung.

6. Fühlen Sie, wie sich Ihr Bauch ausdehnt und zusammenzieht. Hör mal zu; Höre auf deine Atmung.

7. Jedes Mal, wenn ein Geräusch zu hören ist, akzeptieren Sie es, aber lenken Sie Ihre Aufmerksamkeit zurück auf Ihre Atmung.

8. Atme langsam und spüre, wie die Nachtluft in dich eindringt und aus dir austritt. Spüren Sie, wie sich Ihr Bauch ausdehnt und zusammenzieht.

9. Fahren Sie damit fort, bis Sie in einen beruhigenden Entspannungszustand versinken.

-- Sam Rhodes --

10. Öffnen Sie langsam Ihre Augen und schauen Sie auf den mit Sternen gesprenkelten Himmel. Spüren Sie geistig, wie Sie in den Himmel eintreten und sich zwischen die Sterne stellen.

11. Du bist ein Teil des Universums und es umfasst dich.

12. Behalten Sie Ihren Atemrhythmus bei und hören Sie die Musik des Himmels.

13. Festen Sie diese Erfahrung noch ein paar Minuten.

14. Tippen Sie auf Ihr Glas. Die Meditation ist vorbei.

Achtsamkeitsmeditationsübung Nr. 3

1. Finden Sie einen bequemen Stuhl, aber nicht zu weich und wogend. Ihr Rücken braucht eine angemessene Unterstützung.

2. Setzen Sie sich auf, aber tun Sie dies in einer Position, die nicht schmerzhaft oder angespannt ist.

3. Sehen Sie sich Ihre rechte Hand an. Spannen Sie nach und nach alle Muskeln an und machen Sie eine Faust. Halten Sie den Atem an und konzentrieren Sie sich auf diesen Arm. Lassen Sie es vorsichtig los und atmen Sie aus.

4. Konzentrieren Sie sich auf Ihren rechten Arm. Spannen Sie alle Muskeln in diesem Arm an. Halten Sie den Atem an und achten Sie darauf, dass Sie auf Ihren rechten Arm schauen. Lassen Sie die Muskeln los und atmen Sie aus.

5. Sehen Sie sich Ihre linke Hand an. Spannen Sie nach und nach alle Muskeln an und machen Sie eine Faust. Halten Sie den Atem an und konzentrieren Sie sich auf diesen Arm. Lassen Sie es vorsichtig los und atmen Sie aus.

6. Konzentrieren Sie sich auf Ihren linken Arm. Spannen Sie alle Muskeln in diesem Arm an. Halten Sie den Atem an und achten Sie darauf, dass Sie auf Ihren rechten Arm schauen. Lassen Sie die Muskeln los und atmen Sie aus.

7. Konzentrieren Sie sich auf Ihren rechten Fuß. Heben Sie die Zehen an und halten Sie sie hoch. Halten Sie den Atem an und lassen Sie die Zehen langsam los. Atmen Sie dabei aus.

8. Konzentrieren Sie sich auf Ihr rechtes Bein. Ziehen Sie Ihre Waden und Oberschenkel fest. Halten Sie die Luft an. Lassen Sie diese Muskeln sanft los und atmen Sie aus.

9. Konzentrieren Sie sich auf Ihren linken Fuß. Heben Sie die Zehen an und halten Sie sie hoch. Halten Sie den Atem an und lassen Sie Ihre Zehen langsam los. Atmen Sie dabei aus.

10. Konzentrieren Sie sich auf Ihr rechtes Bein. Ziehen Sie Ihre Waden und Oberschenkel fest. Halten Sie die Luft an. Lassen Sie diese Muskeln sanft los und atmen Sie aus.

11. Konzentrieren Sie sich auf Ihr linkes Bein. Ziehen Sie Ihre Waden und Oberschenkel fest. Halten Sie die Luft an. Lassen Sie diese Muskeln sanft los und atmen Sie aus.

12. Spannen Sie Ihren Nacken an, heben Sie Ihre Schultern an und beißen Sie die Zähne zusammen. Halten Sie die Luft an. Atmen Sie dann langsam aus, während Sie Nacken, Schultern und Mund entspannen.

13. Setzen Sie sich auf Ihren Stuhl. Lass deine Arme an deiner Seite fallen. Entspannen Sie sich und atmen Sie normal.

Achtsamkeitsmeditationsübung Nr. 4 - auch eine Schlafhilfe Diese Meditation kann verwendet werden, während Sie sitzen. Wenn es in liegender Position auf Ihrem Bett ausgeführt wird, kann es Ihnen beim Einschlafen helfen. Wenn Sie in bestimmten Körperteilen unangenehme Empfindungen verspüren, z. B. Schmerzen oder leichte Schmerzen, akzeptieren Sie diese Beschwerden und fahren Sie mit dem nächsten Bereich Ihres Körpers fort. Wenn Sie zufällig große Schmerzen haben, führen Sie diese Meditation nicht durch. Während Sie sich durch diese Erfahrung bewegen, können Sie Wärme, Kälte oder Kribbeln in den verschiedenen Teilen Ihres Körpers spüren. Das ist gut. Es ist hilfreich, während dieser Meditation sanfte Musik zu spielen.

1. Schließen Sie Ihre Augen. Atme während dieser Meditation normal und langsam.

2. Konzentrieren Sie sich auf Ihre Zehen und Füße. Entspanne sie.

3. Bewegen Sie sich jetzt zu Ihrem Bein - zuerst zum rechten Bein. Entspanne dich total.

4. Konzentrieren Sie sich auf Ihr linkes Bein. Entspanne dich auch.

5. Sensieren Sie beide Beine, bis sie völlig entspannt sind. Sie werden sehr wenig Gefühl in ihnen haben, außer der Tatsache, dass Sie sich ihrer Anwesenheit bewusst sind. Wenn sie taub sind, ist das noch besser.

6. Konzentrieren Sie sich auf Ihre Beckenregion und Ihren Bauch. Entspannen Sie auch diese Bereiche. Stellen Sie sicher, dass Ihr unterer Rücken völlig entspannt ist. Vermeiden Sie es, es zu spannen oder in irgendeiner Weise zu wölben.

7. Entspannen Sie Ihren rechten Arm und Ihre Hand.

8. Entspannen Sie Ihren linken Arm und Ihre Hand.

9. Überprüfen Sie beide Arme, um eine vollständige Entspannung in ihnen zu spüren.

10. Konzentrieren Sie sich auf Ihr Gesicht. Manchmal sind sich die Menschen ihrer Stirn nicht bewusst, aber die Muskeln darin können angespannt werden, als ob Sie sich Sorgen machen. Stellen Sie sicher, dass Ihre Stirn sowie Ihre Wangen und Kiefer entspannt sind. Lassen Sie Ihren Kiefer leicht fallen, wenn dies für Sie angenehmer ist.

11. Wenn Sie die sitzende Form davon tun, öffnen Sie Ihre Augen.

12. Bewegen Sie Ihre Arme. Bewegen Sie dann Ihre Beine sanft. Atmen Sie normal weiter und konzentrieren Sie sich auf Ihre Atemzüge.

13. Heben Sie Ihre Beine nacheinander an.

-- Sam Rhodes --

14. Erhebe deine Arme vor dir.

15. Stellen Sie sich vorsichtig auf einen Ständer und stampfen Sie mit den Füßen. Wenn Sie darin sehr gut sind, haben sie vielleicht geschlafen!

Yoga Die Ursprünge des Yoga reichen bis ins 5. Jahrhundert vor Christus in Indien zurück. In der westlichen Welt wird es für seine körperlichen und geistigen Vorteile verwendet. Geistig konzentriert es sich auf die Vereinigung - die Vereinigung von Körper und Geist. Der Atem („Pranayama") ist der wichtigste Faktor, um das eigene Leben in ein harmonisches Gleichgewicht zu bringen. Obwohl es physisch ist, beruhigt es einen überaktiven Geist, der oft von einem Gedanken zum anderen rast. Dies reduziert natürlich Stress. Es ist ein weitaus besserer Ersatz für Beruhigungsmittel, wenn es richtig durchgeführt wird. Die oben diskutierte Achtsamkeitsmeditation ist ein verwestlichter Ableger des Yoga.
Einige Yoga-Praktiken befürworten die Einhaltung einer Reihe von Überzeugungen, andere nicht. Einige Menschen werden von diesen spirituellen Elementen unterstützt, aber es ist unnötig für diejenigen, die keine bestimmten Prinzipien übernehmen möchten.

Haltung 1: Sonnengruß (Surya Namaskar)
1. Stehen Sie gerade.
2. Legen Sie Ihre Hände in eine Gebetsposition. Einatmen. Ausatmen.
3. Atme ein und strecke deine Arme nach oben. Sieh nach oben.
4. Atmen Sie aus, während Sie sich mit leicht nach außen gehaltenen Armen nach vorne beugen.
5. Atmen Sie normal. Berühren Sie den Boden und bücken Sie sich so weit wie möglich.
6. Biegen Sie sich halb nach oben und legen Sie Ihre Hände auf die Knie.
7. Legen Sie Ihre Hände flach auf den Boden und neigen Sie Ihren Kopf nach unten.
8. Beugen Sie Ihr linkes Bein hinter sich.
9. Falten Sie beide Beine und beugen Sie sich zum Boden.
10. Legen Sie beide Hände direkt vor sich hin.
11. Kehren Sie langsam in Ihre Standposition zurück.

Haltung 2: Die Brücke (Sethu Bandhasana-modifiziert)
1. Liege flach auf deinem Rücken.
2. Beugen Sie Ihr linkes Bein und beugen Sie es am Knie. Lass es dort.
3. Beugen Sie Ihr rechtes Bein und beugen Sie es am Knie. Behalte es auch dort.
4. Legen Sie Ihre Arme gerade über Ihren Kopf.
5. Biegen Sie Ihre Arme mit den Handflächen nach hinten.
6. Heben Sie Ihren Körper in eine bogenförmige Position. Halten Sie einige Sekunden lang gedrückt.
7. Entlasten Sie Ihren Körper langsam und legen Sie beide Arme an Ihre Seite.
8. Ruhen Sie sich eine Weile aus.

Haltung 3: Spinaldrehung (Meru Wakrasana)
1. Sitzen Sie auf dem Boden. Strecken Sie Ihr rechtes Bein aus.
2. Biegen Sie Ihr linkes Bein und legen Sie es mit dem Fuß flach auf den Boden über Ihr rechtes Bein.
3. Strecken Sie Ihre Arme direkt vor sich.
4. Heben Sie Ihren rechten Arm an.
5. Drehen Sie den Körper nach links und legen Sie Ihre linke Hand nach hinten, damit sie Ihr Gewicht stützt. Dreh deinen Kopf und schau hinter dich. Einige Minuten gedrückt halten.
6. Heben Sie Ihren rechten Arm nach oben und dann nach unten.
7. Strecken Sie beide Beine vor sich aus.
8. Machen Sie dasselbe mit Ihrer anderen Seite.
9. Biegen Sie Ihr rechtes Bein und legen Sie es mit dem Fuß flach auf den Boden über Ihr linkes Bein.
10. Strecken Sie Ihre Arme direkt vor sich.
11. Heben Sie Ihren linken Arm an.
12. Drehen Sie den Körper nach rechts und legen Sie Ihre rechte Hand hinter sich, um sich zu stützen. Dreh deinen Kopf und schau hinter dich. Einige Minuten gedrückt halten.

Haltung 4: Hände zu Füßen (Paschimothanasana-vereinfacht)
1. Stand. Bringen Sie Ihre Arme neben sich heraus und strecken Sie dann Ihre Arme gerade nach oben.
2. Beugen Sie sich langsam vor und berühren Sie den Boden mit Ihren Händen, die Handflächen flach auf dem Boden.
3. Legen Sie Ihren Kopf nach unten.

4. Kommen Sie langsam auf halber Höhe und halten Sie diese Position einige Minuten lang.
5. Falten Sie Ihren Körper nach unten und legen Sie Ihren Kopf mit den Armen hinter sich und den Handflächen auf den Boden.
6. Stehen Sie extrem langsam auf.

Haltung 5: Leichenhaltung (Shavasana)
1. Liege flach auf deinem Rücken.
2. Heben Sie Ihre Arme leicht mit den Ellbogen nach außen und den Händen in einer sanften Faust an.
3. Lassen Sie Ihre Arme auf die Seite fallen.
4. Entspannen Sie sich für ein paar Minuten.

Haltung 6: Beinerhöhung
1. Legen Sie sich flach auf den Rücken auf den Boden oder auf eine Matte.
2. Konzentrieren Sie sich auf den Bauch und die unteren Rückenmuskeln. Stellen Sie sicher, dass Ihr unterer Rücken flach auf dem Boden liegt und entspannt ist.
3. Einatmen. Heben Sie ein Bein an. Ausatmen. Senken Sie das Bein. 8 mal wiederholen.
4. Einatmen. Heben Sie das andere Bein an. Ausatmen. Senken Sie das Bein. 8 mal wiederholen.
5. Einatmen. Heben Sie beide Beine zusammen an. Ausatmen. Lass sie langsam runter.

Meditationspraktiken im östlichen Stil Der Hauptvorteil der Verwendung der Meditationspraktiken im östlichen Stil besteht in der methodischen Beseitigung der Ablenkungen, die durch das Eindringen verschiedener Gedanken verursacht werden, die in den Geist „eintauchen". Es ist eine effektive Technik zur Gedankenkontrolle. Als Kinder war jeder einer Flut von Empfindungen ausgesetzt, die den Geist dazu veranlassten, von einem Reiz zum anderen zu springen. Die Pflichten des Alltags im 21. Jahrhundert haben dieses Ereignis verschärft, da so viele Informationen in Ihren Kopf fließen. Die Technologie hat diesen Effekt verstärkt. Wenn Sie eine Website besuchen, werden Sie mit vielen, vielen Bildern und Wörtern getroffen. Dies hat einen Vorteil: Sie müssen unerwünschte Reize herausfiltern, um die gesuchten Informationen zu sammeln. Klinische Studien haben dies bestätigt. Wenn Sie jedoch dazu neigen, sich an jedem aufregenden Bild oder Wort festzuhalten, sind Sie einer von denen, die dazu neigen, in keiner bestimmten Reihenfolge im Internet zu „surfen". Jugendliche und Kinder fallen dem oft zum Opfer. Jeder Elternteil kennt die nachteiligen Auswirkungen auf die Konzentration, wenn Kinder und Jugendliche unorganisiert und verwirrt werden.

Wie die Achtsamkeitsmeditation lenken auch die Meditationen im östlichen Stil die Aufmerksamkeit auf den Atem als verbindende Quelle. Der Schöpfer der Achtsamkeitstechnik, Dr. Kabat-Zinn, hat Hatha Yoga im Osten studiert, was seinen Stil beeinflusst hat.

PRAXIS 1: TRADITIONELL I.

1. Sitzen Sie mit gekreuzten Beinen. Wenn das zu schwierig ist, setzen Sie sich in eine Haltung, die Sie für bequem halten.
2. Ruhen Sie Ihre Arme. Legen Sie Ihre Hände mit den Handflächen nach oben zwischen Ihre offenen Beine, die Finger ineinander verschlungen.
3. Schließen Sie Ihre Augen.
4. Hören Sie auf Ihren Atem. Atme normal ein und aus. Viele Gedanken werden Ihnen in den Sinn kommen, aber lassen Sie sie wie lose schwebende Blasen um Ihren Kopf schweben.
5. Konzentrieren Sie sich nur auf Ihren Atem.
6. Ihr Atem wird dünner und kürzer.
7. Langsam scheint sich Ihr Atem im Bereich zwischen Ihren Augenbrauen niederzulassen. Deine Gedanken werden nachlassen.
8. Sense einen weißen oder transparenten blauen Strahl von oben. Das ist kosmische Energie. Lass es auf deinen Kopf gießen; Lass es deinen Kopf durchdringen und in deinen Körper fließen. Dies ist der „Ätherleib".

Nach bestimmten Praktiken - zum Beispiel der Theosophie - gibt es viele Kräfte, die den physischen Körper umgeben. Diese Lebenskräfte um das Individuum entsprechen Themen, von denen einige in diesem Buch erwähnt werden. Die physischen, emotionalen und mentalen Kräfte gehören zu den „Körpern", die Menschen umgeben und durchdringen. Die Theosophen sprechen von anderen Kräften darüber hinaus, aber das liegt außerhalb des Rahmens dieses Buches.

PRAXIS 2: TRADITIONELL II Glauben Sie in dieser Übung, dass Sie von der Unwahrheit zur Wahrheit übergehen werden. Ein-

und Ausatmen ist von größter Bedeutung Das Atmen steht im Mittelpunkt dieser Meditation.
1. Atme bis 4 ein. Atme bis 4 aus.
2. Nehmen Sie 3 sehr, sehr kurze Inhalationen. Strecken Sie beim Einatmen die Arme vor sich aus.
3. Nehmen Sie 3 weitere sehr, sehr kurze Inhalationen. Strecken Sie beim Einatmen die Arme gerade nach außen.
4. Nehmen Sie 3 weitere sehr, sehr kurze Inhalationen. Während Sie einatmen, strecken Sie Ihre Arme über Ihren Kopf.
5. Atmen Sie aus und lassen Sie Ihre Arme an Ihren Seiten fallen.
6. Nur für kurze Zeit ruhen. Das Auftauchen aus den Meditationen im östlichen Stil sollte schrittweise erfolgen.

PRAXIS 3: TRANSCENDENCE MEDITATION
1. Atmen Sie langsam und tief ein. Atme langsam aus. Sie werden sich immer leichter fühlen.
2. Stellen Sie sich vor, Sie erheben sich beim langsamen Atmen über den Bäumen.
3. Wenn Sie weiter langsam atmen, spüren Sie, wie Sie sich nach oben erheben. Sie sind von völliger Dunkelheit umgeben. Sie sind weit weg von Ihren Sorgen und Sorgen.
4. Spüren Sie jetzt, wie Sie sich erheben, bis die uralten Sterne Sie umgeben. Die Sterne sahen dich ankommen und sie wissen, wann du gehen wirst.
5. Genießen Sie diesen Raum des Nichts unter Ihren Begleitsternen.
6. Hören Sie auf Ihren Geist, wenn er das Transzendente berührt. Sie erhalten einen neuen Nachnamen. Es gehört dazu: Glaube, Hoffnung, Führer, Nächstenliebe, Demut, Freundlichkeit, Stark oder Helfer. Wähle eins.
7. Sie erhalten jetzt einen Vornamen. Es ist: "ICH BIN."
8. Sagen Sie Ihren neuen Namen - Vor- und Nachname. Pause.
9. Wiederholen Sie Ihren neuen Namen.
10. Konzentrieren Sie sich auf das Nichts unter Ihren Begleitsternen. Halte diesen Gedanken so lange wie möglich.
11. Kommen Sie allmählich aus dieser Meditation heraus. Arbeiten Sie sich rückwärts durch die Stufen.

KAPITEL 7: EMOTIONEN UND SPEICHER

Emotionen Jedes Säugetier erfährt Emotionen, einschließlich des Menschen. Diese sind notwendig für das körperliche und geistige Überleben. Die physischen Aspekte sind klar - Ihr Körper hat das instinktive Bedürfnis, Bedrohungen zu leben und zu überleben. Die mentalen Aspekte sind subtiler. Säugetiere haben als Lebewesen den begleitenden Liebesinstinkt, wie er zuerst von den Eltern ausgedrückt wird, weil die Eltern eine Quelle der Nahrung und des Schutzes sind. Einige Tiere leben einsam, mit Ausnahme der Familienerziehung. In ihren Fällen gehen sie, sobald ihre Jungen das Erwachsenenalter erreicht haben, alleine los. Der Grizzlybär ist ein Beispiel dafür. Andere Tiere haben den Instinkt, von einer Peer Group akzeptiert zu werden. Affen zum Beispiel suchen Akzeptanz bei ihren erweiterten Familiengruppen. Sie verabscheuen die Ausgrenzung und entwickeln sogar Kompensationen, um die damit verbundenen Ablehnungsgefühle zu lindern.

Der Mensch wünscht sich die Akzeptanz durch Gleichaltrige. Psychologen wie Abraham Maslow haben dies als das Bedürfnis nach Wertschätzung anderer bezeichnet. Eine der frühesten Erfahrungen der Kindheit ist der Wunsch nach Akzeptanz durch Gleichaltrige. Im Menschen kann das durch diese Akzeptanz zum Ausdruck gebrachte psychologische Bedürfnis nach Liebe als „Überleben des Ego" bezeichnet werden. Es ist geistiges Überleben, wenn man so will, aber dennoch Überleben. Einige Emotionen sind positiv, während andere negativ sind. Sogar die negativen Emotionen erfüllen eine Funktion, weil sie Sie zum physischen und mentalen Überleben führen. Andererseits behindern zu viele emotionale Eingriffe die Aufmerksamkeit und das Funktionieren des Gedächtnisses.

Ein Wort zur Introversion Beim Lesen des letzten Abschnitts können sich einige von Ihnen, die introvertiert sind, selbst tadeln. Introversion kann für manche Menschen natürlich und normal sein. Ohne die Introvertierten wäre die Welt frei von Schriftstellern, Musikern, Künstlern, Tänzern und vielen anderen. Introvertierte sind nicht völlig isoliert, unabhängig von den allgemeinen

Eindrücken der Gesellschaft. Der Mensch ist ein soziales Wesen, aber manche Menschen brauchen weniger Sozialisation. Emily Dickinson war eine der berühmtesten Dichterinnen des 19. Jahrhunderts und berüchtigt dafür, introvertiert zu sein. Das kommt in ihrem bekannten Gedicht "Ich bin niemand. Wer bist du? ":" Ich bin niemand! Wer bist du?
Bist du - auch niemand?
Dann sind da noch zwei - sag es nicht!
Sie würden uns verbannen, weißt du?
Wie trostlos, jemand zu sein!
Wie öffentlich wie ein Frosch!
Um deinem Namen den lebenslangen Tag zu sagen Zu einem bewundernden Moor! "
Dickinson "sprach" mit anderen durch ihr Schreiben. Interessant ist auch, dass ihre Schwester nach ihrem Tod Hunderte von Briefen entdeckt hat, die zwischen Emily und vielen Freunden ausgetauscht wurden!
Emotionales Ungleichgewicht mit 3-Stufen-Logik:
Emotionales Ungleichgewicht verursacht Stress.
Stress reduziert die Gedächtnisfunktion.
Emotionales Ungleichgewicht verringert die Gedächtnisfunktion.
Emotionales Ungleichgewicht verursacht Stress, unabhängig davon, ob er durch zu viele positive oder zu viele negative emotionale Erfahrungen verursacht wird oder nicht. Es kann überraschend sein, dass zu viele positive Emotionen schädliche Auswirkungen haben sowie zu viele negative emotionale Ereignisse. Im Falle einer Überfülle an positiven Emotionen kann eine Person manisch, „hyper" und einfach „zu glücklich" werden, um als normal angesehen zu werden. Dies wird als "Aufmerksamkeitsdefizit-Hyperaktivitätsstörung" (ADHS) bezeichnet. Es tritt häufig bei Kindern auf, tritt aber auch bei einigen Erwachsenen auf.

Die schädlichen Auswirkungen negativer Emotionen sind bekannt. Beispiele für diese negativen Emotionen sind Angstzustände, Depressionen, Phobien und Wut.
Emotionales Ungleichgewicht beeinträchtigt die Aufmerksamkeit und das Gedächtnis. Wenn Ihr Geist wie bei ADHS dazu neigt, von einem Gedanken zu einem anderen zu wechseln, können Sie Ihre Aufmerksamkeit nicht auf eine Aufgabe richten. Wenn Sie depressiv, ängstlich oder wütend sind, möchten Sie sich nicht

konzentrieren. Erledigen Sie jedoch eine Aufgabe, die Gedächtnis und Aufmerksamkeit beinhaltet. Ihre Motivation ist ruiniert.

Stressquellen des 21. Jahrhunderts Das halsbrecherische Tempo dieser Welt des 21. Jahrhunderts stellt enorme Anforderungen an die menschliche Bevölkerung. Vorbei sind die Zeiten, in denen eine Person aus ihrer Wohnung schlendern, einen Stock aufheben, eine Kokosnuss von einem Baum stoßen und ein nahrhaftes Mittagessen genießen kann. Das heutige Überleben basiert auf dem Erfolg, der speziell von den verschiedenen Gesellschaften auf der ganzen Welt bestimmt wird. Das Überlebensbedürfnis ist nicht nur ein psychologisches Grundbedürfnis, sondern auch ein Instinkt. Es bestimmt, wie du lebst und dich bewegst und dein Sein hast. Bestimmte Gesellschaften stellen allen erwachsenen Menschen in den Ländern, in denen sie leben, ihre eigenen maßgeschneiderten Erwartungen. Die normale Reaktion auf die Erfüllung dieser Erwartungen ist Stress. Stress ist normal, aber übermäßiger Stress lähmt.
Heutzutage werden mehr Anforderungen an Menschen gestellt als jemals zuvor, und manche Menschen können nicht alle erfüllen. Eine Person muss zu einer bestimmten Zeit (oder sonst!) Zur Arbeit kommen, x, y und z vor Mittag erledigen und am Nachmittag von vorne beginnen. Nichterfüllung kann sich nachteilig auf Einkommen, Status, Wohnen, medizinische Versorgung, Beziehungen und viele andere Dinge auswirken. Es steht also viel auf dem Spiel. Um die Sache noch schlimmer zu machen, wird den Menschen gesagt, dass sie sich auf eine bestimmte Art und Weise kleiden, auf eine bestimmte Art und Weise handeln, einen schönen Körper haben und im Wesentlichen nach den Maßstäben eines anderen perfekt sein müssen.
Der Adrenalinschub!
Eine der schädlichsten Auswirkungen dieses Drucks spielt sich in Ihrem Gehirn ab. Im Hippocampus und im Thalamus im Zentrum des Gehirns sowie im umgebenden Schädelgewebe und den Nerven werden Erinnerungen aufgezeichnet. An der Basis des Hippocampus, einem Teil dieses Gebiets, liegen jedoch winzige bohnenähnliche Strukturen, die Amygdala genannt werden. Die Amygdala reguliert Emotionen durch den Einsatz von Neurotransmittern. In Kapitel 3 wurde die Rolle der Neurotransmitter aufgeklärt. Stress verursacht eine Erregung eines bestimmten Neurotransmitters namens Adrenalin, auch bekannt als

Adrenalin. Dieser bestimmte Neurotransmitter sendet Signale an die Nebennieren, dann wird Adrenalin ausgeschieden und Adrenalin erzeugt unterschiedliche körperliche Reaktionen. Der Blutdruck steigt, Glukose (Blutzucker) wird ins Blut gepumpt. Außerdem spannen sich die Muskeln an, der Körper einer Person wird mit Energie versorgt und ist zur Selbstverteidigung bereit. Dies kann aufgrund einer physischen Bedrohung wie der Annäherung eines wütenden Bären geschehen, aber es tritt auch auf, wenn eine Person auf einer psychologischen Ebene herausgefordert wird.

Wenn der Chef aus seinem Büro stürmt und einen Stapel Produktbestellungen auf Ihren Schreibtisch knallt und darauf besteht, dass Sie sie in einer Stunde bearbeiten, verbraucht der Adrenalinschub Ihren Körper und beschäftigt Ihre Aufmerksamkeit. Während Sie auf diese Weise mit Energie versorgt sind, sind Sie auch besorgt darüber, dass die Leistung nicht den Erwartungen entspricht. Wenn ein Mitarbeiter vorbeikommt und einen sarkastischen Kommentar murmelt, passiert es wieder! Wenn Sie Ihre E-Mail erhalten und jemand Sie aus dem Internet anruft, passiert es erneut! STRESS zweimal verwirrt!
Neurotransmitter sind auch in die Amygdala gepackt, jene Strukturen im Gehirn, die sich auf Emotionen beziehen. Wenn sich die Auswirkungen einer negativen Stimulation einer bewussten Kontrolle entziehen, können die Emotionen das bewusste Funktionieren überholen. Dieses Ereignis wurde „Amygdala Hijack" genannt - ein Begriff, der 1996 vom Psychologen Daniel Goleman geprägt wurde. Im Wesentlichen ist dies die Eroberung der mentalen Kontrolle durch die Emotionen. Wenn Sie von Emotionen überwältigt sind, kommt die Gedächtnisfunktion zum Erliegen.

ERINNERUNG? DER HECK MIT SPEICHER!

Nachdem die Neurotransmitter - Noradrenalin und Adrenalin - die Freisetzung einer übermäßigen Menge des Hormons Adrenalin verursacht haben, möchten Sie weglaufen oder jemanden verprügeln! Jeder Leser dieses Buches kennt jemanden, der das getan hat! Vielleicht gehören Sie zumindest gelegentlich zu diesen Leuten.

Adrenalin hat ein "Bruder"-Hormon namens Cortisol. Das ist ein natürliches Steroid und seine Funktion besteht darin, andere körperliche Prozesse als Reaktion auf die reale oder imaginäre Bedrohung abzuschalten. Tschüss, effiziente Speicherfunktion!

Nachdem eine reifere Reaktion eingesetzt hat - was mussten Sie noch einmal vor Mittag erledigen? Was steht für den Morgen noch auf Ihrem Teller? Sie haben Ihren Zahnarzttermin verpasst. Du hast vergessen, deine Tochter anzurufen.

Was machen Sie mit all dem überschüssigen Adrenalin und Cortisol, wenn Sie die mentale Kontrolle wiedererlangt haben? Das hinzugefügte Glukose-Adrenalin, das in Ihr System gepumpt wird, veranlasst Sie zu essen. Manchmal drängt es dich zu essen und zu essen und noch mehr zu essen! Fettleibigkeit ist oft das unglückliche Ergebnis. Stress muss reduziert werden, weil Sie mit einem ungesunden Körper, der von einem ungesunden Geist geführt wird, nicht gut funktionieren können.

BURNOUT: Eine potenzielle Katastrophe nach dem Adrenalinschub Sobald die Adrenalinproduktion des Körpers aufgehört hat, setzt extreme Müdigkeit ein. Dies geht mit schwerem Energieverlust, klinischer Depression, Niedergeschlagenheit, Hoffnungslosigkeit und Verzweiflung einher. Eine Person in diesem Zustand verliert jegliche Motivation und das Arbeitsverhalten wird einfach zu einer mühsamen, bescheidenen Routine. Eine so betroffene Person kann sogar eine produktive und lohnende Karriere aufgeben. In extremeren Fällen kann eine Person möglicherweise nicht einmal arbeiten oder eine Familie gründen. Einige geben ganz auf und begehen Selbstmord.

In anderen Fällen kann kurzzeitig etwas Adrenalin im Körper hergestellt werden und explosionsartig in den Blutkreislauf gelangen. Wenn dies geschieht, sind die Menschen möglicherweise sehr anfällig für Gewalt und Wut. Normalerweise scheint es keine offensichtliche Ursache für diese Episoden zu geben, und die Gewalt wird häufig zufällig gerichtet. Zweifellos haben Sie von denen gehört, die ein Gewehr genommen und es zufällig auf eine Menschenmenge gerichtet haben. Wenn Sie über diese Leute lesen, fragen Sie sich vielleicht: "Warum hat er / sie das getan?" "Was war sein oder ihr Motiv?" In Wahrheit gab es kein Motiv.

Tragischerweise ist es nur ein völliger Verlust der emotionalen und mentalen Kontrolle.

LÖSUNGEN

Was können Sie tun, um ein emotionales Gleichgewicht herzustellen?

Was können Sie tun, um Burnout zu verhindern oder sich davon zu erholen?

Wenn Sie in Ihrem emotionalen Leben ausgeglichener werden, können Sie Ihre Gedächtnisfunktion erheblich verbessern. Eine Verbesserung Ihrer Gedächtnisfunktionen motiviert Sie, dem Erreichen eines fotografischen Gedächtnisses noch näher zu kommen oder zumindest so zu wirken, als hätten Sie ein fotografisches Gedächtnis.

Ja, es gibt Lösungen, um emotionale Stabilität zu erreichen. Sie sind wirklich nicht so schwierig, erfordern aber Veränderungen. Veränderung sollte NICHT PLÖTZLICH sein, denn das ist zu traumatisch. Jeder - keine Ausnahmen - kann mit geringfügigen Änderungen seines Lebensstils, seiner Denkmuster und seines Verhaltens umgehen. Allmähliche Veränderungen sind der sichere Weg, um diese Lösungen dauerhaft zu machen.

Änderung des Lebensstils

1. **MEDITATION** wurde im vorherigen Kapitel vorgeschlagen. Anfangs sollten Meditationssitzungen kurz sein - sehr kurz. Sie planen nicht, Mönch zu werden! Mönche und Mystiker manifestieren die meiste Zeit Alpha-Gehirnwellen, manchmal durchsetzt mit langsameren Gehirnwellen, die als Theta-Wellen bezeichnet werden. Ohne einem Kloster beizutreten, können Sie auch während der Wachzyklen Alpha- und Theta-Gehirnwellen induzieren. Diese Gehirnwellen sind friedlich und fördern das Lernen und das Gedächtnis. Wenn der Geist das Alpha-Wellenmuster manifestiert, ist es auf „Eingabe" - der Geist ist offen für die Eingabe von Informationen, Bildern, neuen Gedanken, kreativen Ideen, Lernen und Gedächtnis.

2. **SLEEP** ist wichtig für die Rekonditionierung des Gehirns nach dem Training während des Tages. Jeder hat die Auswirkungen von Schlaflosigkeit zu der einen oder anderen Zeit erlebt. Der Effekt ist

emotional und mental zu spüren. Ohne ausreichend guten Schlaf kann eine Person nicht richtig denken, sich nicht an Dinge erinnern und körperlich nicht gut funktionieren.

3. DIÄTEN müssen gut ausbalanciert sein, um einen gesunden Geist zu erhalten. Es gibt so etwas wie Brain Food! Bestimmte Lebensmittel nähren die Zellen im Gehirn und bereiten es auf Aufgaben vor, die Lernen, Aufmerksamkeit und Gedächtnis beinhalten. Einige Menschen erleben eine übermäßige Gewichtszunahme aufgrund von emotionalem Stress. Es gibt auch Lebensmittel, die helfen, das emotionale Ungleichgewicht zu lindern und den Stress zu reduzieren, der gegen das Funktionieren des Gedächtnisses spricht. Diese werden alle im folgenden Kapitel behandelt.

4. UMWELT ist ein wichtiger Faktor für die ordnungsgemäße Funktion des Gedächtnisses. In Kapitel 1 wurden die verschiedenen Lernstile beschrieben. Eine Person mit einem visuellen Lernstil muss den Grad der visuellen Eingabe in der Außenumgebung begrenzen, um die Visualisierung hauptsächlich im Kopf zu verwenden. Menschen mit dem akustischen Lernstil sollten nicht mit chaotischen oder unerwarteten Geräuschen in der Außenumgebung bombardiert werden. Leise Musik ist förderlich, kann aber nicht gehört werden, wenn sie mit anderen Innen- oder Außengeräuschen konkurriert.

Diejenigen mit dem Lese- / Schreibstil werden von Wörtern profitieren, aber nicht zu viele von ihnen. Für diese Leute ist es eine Herausforderung, den Zufluss von Wörtern zu begrenzen, die nichts mit den Dingen zu tun haben, die sie gerade beschäftigen. Diese Leute finden Internet-Popup-Anzeigen am ärgerlichsten. Wer einen kinästhetischen Lernstil hat, braucht viel Platz. Möglicherweise möchten sie ein vorläufiges Industriedesign mit Papierausschnitten, Kisten oder verschiedenen Objekten um sie herum erarbeiten. Sie möchten vielleicht auch Kaugummi kauen, an Lutschtabletten saugen oder durch den Raum gehen, ohne gegen die Möbel zu stoßen. Ihr Umgebungsraum sollte ziemlich offen sein.

5. SELBSTDISZIPLIN ist das wichtigste Bedürfnis, um glücklich zu werden. Angenommen, Sie haben ein fotografisches Gedächtnis entwickelt, sind aber eine sehr unglückliche Person. Das kann und passiert. Was bringt es, ein eidetisches Wunder zu sein, wenn Sie es nicht zu Ihrem eigenen Vorteil nutzen können? Sie sind auch ziemlich nutzlos darin, anderen zu helfen. Sie könnten als Show-Off angesehen werden, zu pedantisch, langweilig und schwer zu knüpfen. Die Leute werden sich nicht mit Ihnen verbinden wollen, und das kann emotionale Schwierigkeiten verursachen. Verhalten und Denken müssen zielgerichtet sein. Ohne Selbstdisziplin geschieht dies nur in bestimmten Bereichen Ihres Lebens. Es gibt unzählige Beispiele wie Forschungsärzte oder sogar Vermarkter, die in ihrer Karriere brillant sind, nur um zu sehen, wie ihre Ehen auseinanderfallen. Sie haben sich von ihren Obsessionen kontrollieren lassen und leider die Disziplin verloren, die notwendig ist, um ein ausgeglichenes Leben zu schaffen.

6. ÜBUNG (Huch!) Hilft Ihrer Verdauung und Ihrer Körperfunktion, einschließlich Ihres Gehirns. Es muss nicht drastisch sein. Sie planen nicht, ein olympischer Athlet zu werden. Ziel ist es, einen gesunden Körper zu erhalten, der von einem gesunden Gehirn geleitet wird. Die Leber liefert Energie für eine optimale Gedächtnisfunktion, indem sie Glukose aufbaut. Was passiert, wenn Sie nicht alles verbrauchen? Die übrig gebliebene Glukose wird umgewandelt und im Körper gespeichert. Ein Teil davon kann als Fettgewebe (Körperfett) gespeichert werden. Übung hilft, diesen Überschuss abzubrennen, aber es muss regelmäßig und konsequent sein.

7. HOBBIES sind nicht nur für Rentner oder Kinder gedacht. Jeder braucht sie. Wenn Sie sich wirklich nach diesem fotografischen Gedächtnis sehnen, können Sie ein Hobby annehmen, das Ihre Gedächtnisfunktion hervorhebt. Es sollte nicht mit Ihrer Arbeit zusammenhängen; das ist einfach zu viel Wiederholung. Sudoku ist ein Zahlenspiel, das in vielen Zeitungen veröffentlicht wird. Es entwickelt Gedächtnis und Aufmerksamkeit. Lerne eine Fremdsprache! * Dafür ist ein Auswendiglernen erforderlich. Kartenspiele sind ebenfalls nützlich, aber versuchen Sie, Solitaire zu vermeiden. Sie werden das in sehr kurzer Zeit meistern und es gibt Ihnen nicht die Möglichkeit zur Sozialisierung. Der andere entscheidende Vorteil der Übernahme eines Hobbys ist die Tatsache, dass es Ihnen hilft, mit Ihrer Familie und Ihren Freunden in Beziehung zu treten. Das alte Sprichwort: "Alle Arbeit und kein Spiel machen Jack zu einem langweiligen Jungen" ist wahr. Außerdem lebt Ihr Gehirn von Abwechslung.

* Ein Wort zu Fremdsprachen Bei der Suche nach einem Hobby, das das Gedächtnis anregt, wird empfohlen, dass Sie versuchen, eine Sprache zu lernen, die sich stark von Ihrer eigenen unterscheidet. Diese Sprachen verwenden unterschiedliche Alphabete und helfen Ihnen dabei, neue neuronale Muster in Ihrem Gehirn zu entwickeln. Versuchen Sie für diejenigen unter Ihnen, die in der westlichen Welt leben, nicht nur zu lernen, wie man eine asiatische Sprache spricht, sondern auch, wie man in dieser Sprache liest und sogar schreibt. Nein, Sie sind möglicherweise nicht in der Lage, die volle Meisterschaft zu erlangen, aber das ist nicht Ihr Ziel. Eine flüchtige Kenntnis davon ist ausreichend. Es ist ein Mittel zur Steigerung der Neuroplastizität im Gehirn; das Schmieden neuer neuronaler Netze. Diese neuen neuronalen Netze können auch auf andere mentale Aktivitäten angewendet werden. Es ist eine andere Denkweise.
Aus dem gleichen Grund würden diejenigen, die in Asien leben, davon profitieren, in einigen der in Europa, Afrika und Amerika verwendeten westlichen Sprachen lesen und schreiben zu lernen. Das schafft auch neue neuronale Netze.

-- Sam Rhodes --

KAPITEL 8: LEBENSSTIL

SCHLAF

Menschen, die nicht gut schlafen, werden sich nicht gut erinnern, wie die meisten von Ihnen aus eigener Erfahrung wissen. Darüber hinaus verursacht Schlaflosigkeit emotionalen Stress. Das wird vor allem das Gedächtnis stören.

Es gibt fünf bestimmte Schlafphasen. Im Kapitel über Meditation - Die Meditationen im östlichen Stil und die Achtsamkeitsmeditationen - wurde darauf hingewiesen, dass Sie Alpha-Gehirnwellen- und sogar Theta-Gehirnwellenmuster erleben können. Das sind die gleichen Wellen, die Sie in der ersten Schlafphase erleben.

Es ist hilfreich zu wissen, was diese Phasen sind und wie sie zur Speichererhaltung beitragen.

Etappen passieren	Gehirnwellen	Was
BÜHNE EINS	ALPHA, THETA	Manchmal erholsam. Wird als "hypnogischer Zustand" bezeichnet. Es kann zu Unterbrechungen durch plötzliche lebhafte Tagträume und Geräusche kommen.
STUFE ZWEI	THETA + Plötzliche „Schlafspindeln" (nicht rhythmische Gehirnwellenmuster)	Leichter Schlaf; Herzfrequenz verlangsamt sich.
STUFE DREI	DELTA winkt	Reich des Unbewussten Geistes und Körpers. Sie treten in einen tiefen

		Schlaf ein.
STUFE VIER	DELTA winkt rhythmischer	Physiologische Heilung einschließlich Wiederherstellung der Gehirnzellen sowie körperliche Heilung und Ruhe.
STUFE FÜNF	ALPHA, BETA, THETA Wellen	* "REM-Schlaf. Träumen tritt auf.

* "REM" -Schlaf: Rolle im Gedächtnis und Träumen Wenn Sie sich jemals an Ihre Träume erinnert haben, haben Sie bemerkt, dass Aktivitäten, die Sie normalerweise ausführen oder ausgeführt haben, und Personen, die Sie kennen, in diesen Szenarien auftreten? Natürlich machen die Geschichten keinen Sinn.

Hinweis: Wenn Sie einen zurückgerufenen Traum teilweise analysieren möchten, ersetzt Ihr Gedächtnis häufig eine Person durch eine andere. Was Ihr Gedächtnis tut, ist Assoziationen zwischen einer Person, die Sie kennen, und einer anderen. Ihr Gedächtnis sieht Ähnlichkeiten zwischen diesen Personen. Das ist eine der Aufgaben der Gedächtnisfunktion. Es wurde in diesem Buch diskutiert.

Warum machen die Geschichten keinen Sinn? Es gibt nur spekulative Antworten auf diese Frage. Versuchen Sie Folgendes:

Mögliche theoretische Erklärung Nr. 1:

1. Gehen Sie zu einem vollständigen Papierkorb auf Ihrem Computer.
2. Durchsuchen Sie die Einträge.
3. Beachten Sie, dass sie keinen Sinn ergeben. Es gibt keine logische Verbindung zwischen einem Eintrag und einem anderen.

Neuronen in Ihren neuronalen Netzen, die aus Pfaden bestehen, können willkürlich abgefeuert werden.

Mögliche theoretische Erklärung Nr. 2: Ihr Gehirn wiederholt ein Problem, auf das Sie während Ihres Wachzyklus gestoßen sind. Dies kann auch Ihre emotionalen Zustände wie Frustration widerspiegeln.

Sie müssen REM Schlaf haben!

Es wurden unzählige klinische Studien zu den Auswirkungen eines Mangels an dieser träumenden Schlafphase durchgeführt. Wenn Personen über längere Zeiträume keinen REM-Schlaf mehr erhalten, werden sie emotional weniger stabil. Damit Sie eine ausreichende Gedächtnisfunktion wiederherstellen können, müssen Sie träumen.

Wenn Sie Probleme beim Einschlafen haben, versuchen Sie die Achtsamkeitsmeditationsübung Nr. 4. Wenn Sie in den frühen Morgenstunden plötzlich aufwachen, wiederholen Sie diese Übung. Versuchen Sie in extremen Fällen eine halbe Tablette einer rezeptfreien Schlafhilfe. Alle Markenschlafhilfen haben Nebenwirkungen, einschließlich der Abhängigkeit. Fragen Sie Ihren Arzt, wenn Sie ungewöhnliche Symptome wie Gedächtnisverlust haben.

DIETÄRVORSCHLÄGE: „HIRNKRAFTSTOFF"

Nervenzellen (Neuronen) benötigen Omega-3-Fette („gute Fette"), um ihre zellulären Elemente aufzubauen. Da Ihr Gehirn eine Menge Neuronen ist - natürlich - sollten Sie viele davon in Ihre Ernährung aufnehmen:

Lachs	Walnüsse
Dosenfisch	Austern, Muscheln
Sojabohnen	Spinat
Distelöl	Olivenöl
Fisch	Linsen
Pfefferminze (Kraut)	Papaya
Eisbergsalat	Sardellen
Leinsamen	Eier
Mandeln	Erdnüsse
Erbsen	Reis
Pinto / Navy Beans	Avocados

Einige Butterersatzstoffe enthalten Omega-3-Säure. Diese werden ebenfalls empfohlen.

DIETÄRVORSCHLÄGE: GLUCOSE DIGESTION
Die Speichernutzung verbraucht viel Energie, insbesondere für diejenigen unter Ihnen, die mit dem Training des Gedächtnisses begonnen haben. Ihr Körper wird Kohlenhydrate als Kraftstoff verbrennen, um diese Aufgaben auszuführen. Jeder ist jedoch mit den Problemen vertraut, die mit der Gewichtszunahme einhergehen. Diese Probleme wirken sich manchmal auf das eigene Selbstbild aus und dienen als völlige Ablenkung von geistig guten Leistungen.
Der Adrenalinfluss während extremer emotionaler Unruhe wird Sie auch zum Essen anregen. Wenn Adrenalin in Ihren Blutkreislauf geschossen wird, benötigt und verwendet es Blutzucker, ein Produkt aus Kohlenhydraten. Längerer Stress kann jedoch zu einem Überangebot an Blutzucker führen. Was vom Körper nicht verwendet oder in den Muskeln gespeichert wird, wird in Fettgewebe (Körperfett) umgewandelt. Dies ist ein Grund, warum mit Stress umgegangen werden muss, um ein effizientes Gedächtnis zu erreichen.
Diese doppelten Kohlenhydrate Diese Moleküle helfen Ihrem Körper, die benötigte Glukose zu produzieren. Wenn es jedoch darum geht, Gewichtszunahme zu verhindern, sollten bestimmte Kohlenhydrate vermieden werden. Das liegt daran, dass es die Arten von Kohlenhydraten gibt, die sehr, sehr schnell verdauen - was dazu führt, dass sich Ihr Körper mehr danach sehnt. (Und immer mehr) Es gibt andere Arten von Kohlenhydraten, die eine effiziente Gedächtnisfunktion fördern, und Sie werden nicht so oft das Bedürfnis haben, wieder zu essen. Diese werden Sie während des Studiums und des Auswendiglernen satt halten. Hier ist eine unvollständige Liste:

Vollkornnudeln
Nüsse
Bohnen
Brauner Reis
Süßkartoffeln
Zwiebeln

Möhren
Grünblättrige Gemüse
Hafer
Vollkorngemüse
Obst
Fettarme Milchprodukte

EINFACHE ÜBUNGEN ZUR SPEICHERVERBESSERUNG

Diese erhöhen Ihren Herzschlag und bereiten Sie auf das Auswendiglernen oder Lernen vor. Natürlich müssen Sie nicht alles tun

---

Kniebeugen

1. Legen Sie Ihre Hände hinter Ihren Kopf und verschränken Sie Ihre Finger.

2. Hocke dich mehrmals hin und stehe jedes Mal auf.

Dein Tanz

1. Spielen Sie eine lebhafte Melodie. Wählen Sie eine, die rhythmisch ist.

2. Stellen Sie sich viele farbige Lichter vor, die über Ihnen schwingen.

3. Stellen Sie sich auch ein bewunderndes und jubelndes Publikum vor, das Sie beobachtet.

-- Sam Rhodes --

4. Tanz! Bewegen Sie sich 4 Schritte vorwärts, 4 Schritte rückwärts und 4 Schritte seitwärts.

Kick deine Beine nach der Melodie.

Steigern Sie

1. Suchen Sie einen Küchenhocker, eine Box, die stark genug ist, um Ihr Gewicht zu halten, oder verwenden Sie die untere Stufe einer Treppe.

2. Schreiten Sie mit Ihrem rechten Bein auf.

3. Bringen Sie Ihr linkes Bein hoch, um sich dem rechten Bein anzuschließen.

4. Schritt für Schritt ein Bein nach dem anderen.

5. Wiederholen Sie dies mindestens acht Mal.

Punch n'Kick
1. Denken Sie an etwas, das Sie nervt. Lass es ein bisschen eitern. (Das klingt albern, ist aber effektiv!)
2. Stehen Sie mit etwas getrennten Füßen. Legen Sie Ihre Hände auf Ihre Taille.
3. Machen Sie vier Schritte vorwärts und schlagen Sie mit Ihrem rechten Arm aus.
4. Machen Sie vier Schritte zurück.
5. Machen Sie vier Schritte vorwärts und schlagen Sie mit Ihrem linken Arm aus.
6. Machen Sie vier Schritte zurück.
7. Machen Sie vier Schritte vorwärts und treten Sie mit Ihrem rechten Bein aus.

-- Sam Rhodes --

8. Machen Sie vier Schritte zurück.
9. Machen Sie vier Schritte vorwärts und treten Sie mit Ihrem linken Bein aus.
10. Machen Sie vier Schritte zurück. Wiederholen Sie die Übung, wenn Sie möchten.

Liegestütze (modifiziert)

1. Liege auf deinem Bauch. Halten Sie Ihre Zehen spitz, wenn sie den Boden berühren.

2. Beugen Sie Ihre Arme und heben Sie Ihren Oberkörper an.

3. Mach das 8 mal.

Burpees

1. Stell dir vor, du bist auf einem Schlachtfeld! Nehmen Sie einen Stuhl und ducken Sie sich dahinter, als ob Sie sich vor dem Feind verstecken würden.

2. Springen Sie plötzlich mit gehaltenen Armen hinter dem Stuhl hervor Luft hoch. (Als würdest du dich ergeben!)

3. Dann springen Sie runter und ducken sich wieder. Wiederholen Sie einige Male.

4. Strecken Sie sich mit leicht vom Boden abgehobenem Körper aus, als würden Sie einen Liegestütz machen.

Plötzlich in eine geduckte Position geraten. Wiederholen Sie einige Male.

Plank Jacks
1. Liege auf deinem Bauch.
2. Beugen Sie Ihre Arme. Stellen Sie sicher, dass Ihre Arme das Gewicht Ihres Körpers tragen.
3. Strecken Sie Ihre beiden Beine schnell hinter sich aus. Wiederholen Sie einige Male.

Seal Jacking
1. Stand in normaler Position.
2. Springen Sie mit nur einer Bewegung nach oben und spreizen Sie die Beine nach außen. Bringen Sie gleichzeitig Ihre Arme über Ihren Kopf und klatschen Sie in die Hände.
3. Bellen Sie wie ein Seehund!
4. Kehren Sie zu Ihrer ursprünglichen Position zurück und wiederholen Sie dies einige Male.
Diese Übung ähnelt dem traditionellen Springbock.

Springseil
1. Nehmen Sie das Springseil Ihrer Tochter und hüpfen Sie ein paar Mal auf und ab.
2. Dies wäre eine Übung für sich und könnte die anderen ersetzen.

KAPITEL 9: MEMORY RETRIEVAL

Ein Großteil Ihrer Erinnerungsfähigkeit hängt von der Motivation ab. Wenn Sie so wirken möchten, als hätten Sie ein fotografisches Gedächtnis, müssen Sie WIRKLICH, WIRKLICH WOLLEN, WIE SIE EIN FOTOGRAFISCHES SPEICHER HABEN! Sieh den Unterschied?

Im Laufe eines Tages und einer Woche erledigt jeder kleine Aufgaben, die eine bestimmte Anzahl von Teilen erfordern.

Visuelle Hinweise BEISPIEL:

Dies ist nur ein sehr vereinfachtes Beispiel. Der Grund für diese Einfachheit ist die Tatsache, dass Sie sich auf diese Weise angewöhnen, dies für fortgeschrittenere Aufgaben zu tun. Verwenden Sie diese Technik für einfache Aufgaben, und Sie werden lernen, wie Sie sie für fortgeschrittenere Herausforderungen verwenden, egal ob es sich um physische oder intellektuelle handelt.

Sie schneiden einen Karton mit einem Xacto-Messer auf. Sie haben die Box auf den Boden gestellt und das Xacto-Messer daneben gestellt. Dann drücken Sie die Box flach. Als nächstes greifen Sie nach dem Xacto-Messer. Whoooops! Es ist nicht da! Wo hast du es hingelegt? (Suche beginnt ...) Kommt Ihnen das bekannt vor?

Cue-Instillation: Führen Sie dasselbe Szenario wie oben durch. Wenn Sie jedoch das Xacto-Messer auf den Boden legen, halten Sie einen Sekundenbruchteil inne und sagen Sie laut (oder zu sich selbst): „Ich behalte das Xacto-Messer hier." Schau dir die Stelle an; Übernehmen Sie diesen Punkt visuell in Ihr Gedächtnis. Initiieren Sie Ihre Aufgabe, aber jedes Mal, wenn Sie das Xacto-Messer ablegen, machen Sie sich die Mühe, es an dieselbe Stelle zurückzubringen. Kinderleicht!

Hinweise sind auch Hinweise. Wenn Sie eine Reihe von Dokumenten lesen und studieren müssen, halten Sie nach dem Lesen der einzelnen Dokumente inne und fragen Sie sich: „Wie heißt der Artikel? Was hat das zu tun? " Angenommen, Sie lesen ein Dokument mit dem Titel "Windows to the Stars", in dem die verschiedenen Teleskoptypen erläutert werden. Machen Sie am Ende des Studiums eine Pause. Fragen Sie sich: "Was ist das Thema" Windows to the Stars "?" Stichwort: "Teleskope". Dieses Stichwort ist wie die ersten Noten einer Melodie. Sobald Sie die ersten Noten gehört haben, können Sie den Rest singen.

-- Sam Rhodes --

Erinnerungen sind größere Informationen, an die Sie sich beim ersten Hinweis erinnern. Im obigen Beispiel lauteten Ihre Hinweise "Windows on the Stars" und "Telescopes". Die von Ihnen untersuchten Teleskope waren: Reflektorteleskope, Dobsonsche Teleskope, Ferngläser und Verbundteleskope. Dies reicht aus, um einen kurzen Artikel oder Aufsatz über den Inhalt Ihres Studiums zu verfassen.

Timing: In diesem Buch wurde früher der Ebbinghaus-Zyklus des Vergessens behandelt. Da der Prozess des Gedächtnisverfalls sehr bald einsetzt, muss das Material innerhalb von 1 bis 4 Stunden nach seiner ersten Codierung erneut in Erinnerung gerufen werden. Dies verstärkt die Informationen und wird für einen längeren Zeitraum aufbewahrt. Dies wird manchmal als "Überlernen" oder "Umlernen" bezeichnet.

Raumstrategie
Bitten Sie um eine visuelle Hilfe. In diesem Fall ist es ein Raum. In Bezug auf den Artikel, den die Person über Teleskope las, konnte sie sich einen Raum vorstellen. In diesem Raum kann sich die Person die verschiedenen Arten von Teleskopen vorstellen und sie mental beschriften lassen. Dies ist nur ein einfaches Beispiel, aber Sie können es für komplexeres Material verwenden. Sie können das Haus jederzeit um viele Räume erweitern, in denen Sie verschiedene Gegenstände haben. Die Elemente können sogar Wörter sein, die als Hinweise für komplexeres Material dienen.
Kontext und Rückruf Die Sinne sind alle umfassend. Obwohl Sie möglicherweise nicht genau darauf achten, wo Sie sich befanden, als Sie die Informationen zum ersten Mal lernten, hat die Umgebung, in der Sie die Fakten kennengelernt haben, einen großen Einfluss auf das Abrufen und Abrufen von Erinnerungen. Die Umgebung macht einen enormen Unterschied. Wenn Sie in Stille lernen, sollten Sie in der Schule einen Test in Stille machen, anstatt Ihre Kopfhörer aufzusetzen. Manchmal kann eine Änderung eines Ortes zu einem Speicherfehler führen. Zum Beispiel: Herb geht durch einen großen Laden in der Hardware-Abteilung. Eine

-- Sam Rhodes --

Frau nähert sich. „Hi, Herb! Wie gehts? Ich habe dich schon lange nicht mehr gesehen. Wann kommst du wieder rein? " Herb sieht die Frau völlig verwirrt an.
 "Du weißt nicht wer ich bin, oder?" Sie fragte.
"Nein, es tut mir leid. Wer bist du?" er hat geantwortet.
 „Sie erkennen mich außerhalb der Zahnarztpraxis nicht, oder?
 Ich bin Loretta, Ihre Zahnhygienikerin! "
Was Herb tat, war, sich nicht an Erfahrungen in der Zahnarztpraxis zu erinnern, einschließlich der Gesichter des dortigen Personals. Er mag sich leicht an den Zahnarzt durch sein Gesichtsausdruck erinnern, übersah jedoch die Wichtigkeit, alltägliche Ereignisse detaillierter zu kodieren. Er hätte die Zahnarztpraxis bei seinem letzten Besuch verlassen und sich auf dem Weg zurück zu seinem Auto einige Momente Zeit nehmen können, um zusätzlich zu seiner zahnärztlichen Behandlung die Gesichter der Menschen in der Zahnarztpraxis zu proben, anstatt das Ganze zu verbannen Episode aus seinem geistigen Auge.
Um Ihren Geist so zu trainieren, dass er dem einer Person mit fotografischem Geist ähnelt, müssen Sie alles, was sich während des Tages abspielt, genau untersuchen - einschließlich der belanglosen und trivialen Dinge. Hier ist ein Beispiel für eine unvollständige Kodierung von Informationen, wie in Kapitel 1 beschrieben: Was wäre, wenn Sie mit Ihrer Mutter zur Tür eines neuen Nachbarn gingen und einen kleinen dekorativen Holzbären an der Tür sahen, der ein Willkommensschild hielt. Und deine 82-jährige Mutter sagt: "Oh, Vivian auf der Straße hat so eine!" In der Zwischenzeit sind Sie ahnungslos und auch verlegen!
Wenn Sie sich zumindest visuell zurückgeben, können Sie die erhaltenen Informationen abrufen. Für diejenigen, die am besten unter auditorischer Stimulation lernen, kann man ein Lied spielen, während man an einem bestimmten Informationsstück arbeitet. Wenn Sie dann dasselbe Lied spielen, während Sie das Material reproduzieren, können Sie sich besser daran erinnern. Dies basiert auch auf dem assoziativen Gedächtnis.

Stimulanzien und Gedächtnis Einige Schüler haben leider medikamentöse Stimulanzien genommen, um beim Lernen zu helfen. Während diese Methode zu funktionieren scheint, kann natürlich eine Abhängigkeit vom Stimulans auftreten. Darüber hinaus führt die gewohnheitsmäßige Verwendung zu dem gegenteiligen Effekt. Medikamente wie Amphetamine zerstören

Gehirnzellen und die Fähigkeit, sich langfristig zu erinnern, wird beeinträchtigt. Kaffee hilft beim Gedächtnis, obwohl der Einzelne vorsichtig sein muss, wie viel davon in den Körper aufgenommen wird. Zu viel kann zu Hyperaktivität führen und den Herzschlag zu stark ansteigen lassen. Tee hat auch Koffein, aber es hat sich gezeigt, dass er nicht immer die gleichen Nebenwirkungen hat. Es neigt dazu, genippt zu werden, anstatt geschluckt zu werden.

Alternativ wäre es weitaus besser, Ergänzungsmittel zur Steigerung des Gedächtnisses auszuprobieren, die später in diesem Kapitel behandelt werden. Sie sind sicher und harmlos und machen nicht süchtig.

Die "Spitze der Zunge" - "TOT" - Phänomen Dies ist ein bekanntes Phänomen, das laut klinischen Studien vielen Menschen passiert, insbesondere älteren Menschen. Der andere Faktor, unabhängig vom Alter, ist natürlich der Zeitablauf. Wenn ein Ereignis vor zwei Monaten aufgetreten ist, wird es mit größerer Wahrscheinlichkeit abgerufen als ein Ereignis, das vor einem Jahr aufgetreten ist. Niemand kann die Ereignisse eines ganzen Jahres häufig durchgehen. Stunden am Tag verhindern dies. Es ist amüsant, einige Dialoge zu bemerken, die oft in einer Fernsehsendung oder einem Film zu hören sind, wenn ein Polizist einen Verdächtigen fragt: "Wo waren Sie vor zwei Wochen am Montag?" Seltsamerweise haben Drehbuchautoren häufig Antworten für ihre Fragen auf ihre Fragen parat!

Die beste Lösung für die Anlässe „Tipp der Zunge" besteht darin, sich sofort einem anderen Thema zuzuwenden. Sehr oft taucht die Antwort nur wenige Minuten später in Ihrem Kopf auf. Aufgrund der Neuroplastizität des Gehirns wurde ein Nervenweg stimuliert und bleibt subtil aktiviert, bis das Endergebnis im präfrontalen Kortex, dem bewussten Zentrum Ihres Gehirns, registriert wird. Emotionen sollten jedoch niemals in die Situation injiziert werden. Man sollte sich niemals erlauben, sich "schlecht zu fühlen", wenn man die Antwort nicht sofort zurückruft. Emotionen beeinträchtigen immer die Gedächtnisfunktion, wie in Kapitel 7 erläutert.

Versäumnis, das Alte durch das Neue zu ersetzen In seiner Forschung hat Hermann Ebbinghaus (Die „Vergessenskurve") darauf hingewiesen, dass jede Änderung der Liste das Abrufen des Gedächtnisses hemmt, wenn man bestimmte oder ähnliche Datensätze untersucht. Wenn man beispielsweise zwölf Elemente untersucht, sie zurückruft und später dieselbe Liste erstellt und zwei oder drei Elemente durch etwas anderes ersetzt, wird das Gedächtnis beeinträchtigt. Ein gutes Beispiel hierfür sind die Senderlisten auf dem Fernseher. Sobald sich die Kanalnummern geändert haben, erinnert sich eine Person eher an die alten als an die neuen Nummern. Dies ist nicht nur ein Defizit beim Umlernen, sondern auch ein Fehler beim anfänglichen Codierungsprozess. Zusätzliche Anstrengungen müssen in die Umlernaufgabe gesteckt werden. Andernfalls würden die Amerikaner in einem Mietwagen für einen Urlaub in England auf der falschen Straßenseite fahren. Das passiert oft.

Veränderungen sind eine Quelle der Verschlechterung, die auch proportional zum Alter zunimmt. Ältere Menschen lehnen es ab, die Grundlagen der Computernutzung erlernen zu müssen. Es zeigt sich jedoch auch bei Kindern, wenn sie zur Schule gehen und anders funktionieren müssen, wenn sie von einer Klasse zur nächsten wechseln. Es ist bekannt, dass einige Kinder schreien: „Warum muss ich all diese Veränderungen durchmachen?" wenn sie für ihre verschiedenen Klassen im Gebäude umziehen müssen, anstatt nur in einem Klassenzimmer zu bleiben.

Überprüfung Wie bereits erwähnt, verbessert die Überprüfung von Fakten oder Informationen einige Stunden oder einen Tag oder so nach dem Lernen (Codierung) Ihre Chancen, diese Fakten in eine Situation des Langzeitgedächtnisses oder zumindest des Langzeitgedächtnisses zu versetzen.

Falsche Erinnerungen Selbst unschuldige leichte Emotionen beeinflussen die Erinnerung. Eine Person kann einen Vorfall mit einem anderen in Verbindung bringen und feststellen, dass der Vorfall eine positive Reaktion des Zuhörers hervorgerufen hat. Dies ist eine Verstärkung des Gedächtnisses. In diesem Fall neigt die Person dazu, sich an den Vorfall zu erinnern, damit sie das Ereignis einem anderen nacherzählen kann, in der Hoffnung, eine weitere positive Reaktion hervorzurufen. Dies ist beim Scherzerzählen sehr offensichtlich, kann aber bei jedem Ereignis passieren.

Mit der Zeit kann diese Person den Vorfall ein wenig sticken und vielleicht ein paar Details hinzufügen, die ihn interessanter und amüsanter machen. Nach einer Weile kann die Person glauben, dass es zuletzt verwandt war.

Einfluss ist auch ein Faktor. Wenn jemand möchte, dass Sie ein Ereignis auf eine bestimmte Weise in Beziehung setzen, können Sie es wiederholen, um dieser Person zu gefallen. Mit der Zeit glauben Sie es selbst und nicht die Tatsache, dass Ihnen jemand anderes gesagt hat, dass Sie es tun sollen.

Der Überbewusstseinsfaktor Dies wird auch als „Foresight Bias" bezeichnet und wurde in den Studien von Koriat und Björk beschrieben. Diese beiden kognitiven Psychologen gaben an, dass Menschen dazu neigen, übermütig zu sein und keine zusätzlichen Anstrengungen zu unternehmen, um Informationen zu lernen oder zu kodieren, wenn sie zum ersten Mal präsentiert werden. Wie oft haben Sie diesen Dialog gehört?
"Sie sollten dies aufschreiben, falls Sie es vergessen."
"Oh, ich werde mich daran erinnern ... kein Problem."
Was passiert dann, wenn diese Person diese Informationen abrufen muss? Er oder sie vergisst es! Zunächst ging die Person davon aus, dass die Tatsache (en) einfach zu merken sind. Nimm nichts an! Die Erinnerung ist wie das Bewegen eines Objekts von seinem alten Platz in Ihrem Haus und das Platzieren an einem anderen Ort. Wenn Sie dann versuchen, es abzurufen, können Sie sich nicht erinnern, wo Sie es abgelegt haben. Sie erinnern sich vielleicht an den ursprünglichen Ort, haben sich aber nicht genug Mühe gegeben, um den neuen Ort zu lernen. Es ist das Versagen, das Alte durch das Neue zu ersetzen.

Ergänzungsmittel zur Gedächtnissteigerung In einigen Studien wurde gezeigt, dass das Ergänzungsmittel Ginkgo biloba hilft. Seine physikalische Wirkung besteht darin, die Durchblutung zu erhöhen. Viele ältere Menschen nutzen dies, um das Auftreten von Demenz zu lindern oder zu verhindern. In diesem Bereich ist es nach klinischen Ergebnissen weniger wirksam, hat jedoch eine bessere Wirksamkeit für andere, die jünger sind.
Ginseng, der als Tee verwendet werden kann, und Kurkuma, ein asiatisches Gewürz, sind hilfreich. Beide können in Ihrem Kräutergarten angebaut werden. Beide sind in Reformhäusern und Lebensmittelgeschäften erhältlich. Sie haben eine lange Geschichte der medizinischen Verwendung, die über Jahrhunderte bis nach Indien und China zurückreicht.
Vitamin E ist ebenfalls wirksam, sollte jedoch nicht zu häufig eingenommen werden. Einige Vitamine werden nicht sofort aus

dem System gespült, wenn sie nicht von Ihrem Körper verwendet werden. Man kann diese tatsächlich überdosieren. Vitamin B (Thiamin) wird oft empfohlen, um Angstzustände zu reduzieren. Eine Person kann es jedoch überdosieren, selbst bei einem Zeitplan von einmal pro Tag.

Andere, die empfohlen werden, sind: Alpha GPC Supplements, Bacopa, Citicoline, Curcumin und Magnesium Supplements. Verwenden Sie diese am besten mit Vorsicht und vermeiden Sie die tägliche Einnahme.

FAZIT: ANGEWANDTER SPEICHER

Erinnern an Namen "Es gibt keinen süßeren Klang für das Ohr einer Person als den Klang ihres eigenen Namens." - Dale Carnegie Dale Carnegie war ein Schriftsteller und Redner, dessen wichtigste Botschaft darin bestand, andere anzusprechen. Er war ein öffentlicher Redner, der im Laufe der Jahre Millionen das Handwerk beibrachte. In der Wirtschaft und Kommunikation ist das Gedächtnis von größter Bedeutung. Man muss sich an andere wenden, weil Selbstverwirklichung und grundlegendes Glück nicht im luftleeren Raum erreicht werden. Der erste Schritt, um zu erreichen, ist die Beherrschung der Namen anderer Menschen. Es gibt viele Speichertricks, die man anwenden kann, um dies zu erreichen.

Assoziative Techniken Manchmal erinnern Sie sich vielleicht besser, wenn Sie eine physische oder persönliche Eigenschaft assoziieren. In Ihrem ersten Gespräch mit einer Person, die Sie zuvor noch nicht getroffen haben, ist es sehr ergänzend, den Namen der Person während Ihres ersten Gesprächs zu wiederholen. Nach einem längeren Gespräch kann die Zuordnung leicht gelöscht werden.
Zum Beispiel treffen Sie auf einer Party eine Frau namens Melanie. Sie hält an ihrem Freund John fest, während sie mit dir spricht. Sie können Melanie jetzt mit Romantik assoziieren, sodass Melanie in Ihrem Kopf zu „Melanie Romance" wird. Ihr Freund ist John, der strahlend weiße Turnschuhe trägt. Er ist "John the Sneaker".
Probieren Sie diese Assoziationen aus (natürlich in Ihrem eigenen Kopf):

Karl der Kahle	Sammy der Hut
Tamika der Ärmel	Ronnie der Kleine
Malcolm der Neutrale	Marion die Traurige
Leroy das Handy	Geoffrey das Gehirn

Die Assoziationen können das Gegenteil des herausragendsten Merkmals einer Person sein. In der obigen Tabelle ist Ronnie beispielsweise NICHT klein. Er ist von massiver Größe. Geoffrey scheint schon von seinem Aussehen her der intelligente Typ zu sein. Tamika neigt dazu, ihren Ärmel anzupassen, wenn sie zum ersten Mal jemanden trifft. Sammy kam mit einem Hut zu der Angelegenheit. Marions Gesichtsausdruck scheint melancholisch zu sein; und Malcolms Gesicht scheint ausdruckslos zu sein. Charles ist natürlich kahl (aber das sagst du ihm nicht!)

Der geschriebene Name Natürlich können Sie bei einer Versammlung nicht jeden Namen aufschreiben oder aufzeichnen. Das ist zu offensichtlich. Sie können jedoch unbewusst Ihre Einschätzung verbessern, wie wichtig es ist, den Namen einer Person mit Fremden auf Ihrem Telefon zu notieren. Jeder hat Anrufe von seinen Banken oder Agenten erhalten, die für ein Unternehmen arbeiten, mit dem Sie Geschäfte machen. Sie stellen sich mit Vornamen vor. Schreiben Sie den Namen auf. Sagen Sie ihren Namen, wenn Sie sich mit ihnen auf das Geschäftsproblem einlassen. Wenn Sie versuchen, sie davon zu überzeugen, etwas auf Ihre Weise zu tun, ist dies äußerst effektiv.

Rückblick Binden Sie zu Beginn einer Affäre jemanden oder einige Personen in ein Gespräch ein und wiederholen Sie deren Namen. Nachdem Sie Platz genommen haben, schauen Sie über ihre Gesichter und überprüfen Sie ihre Namen erneut in Ihrem Kopf. Wenn Sie sich nicht an einige Namen erinnern, können Sie jemanden in der Nähe (an dessen Namen Sie sich erinnern) nach dem Namen dieser Person fragen.

Sitzansatz Haben Sie überhaupt bemerkt, wie Leute auf einer Party dazu neigen, einen Sitzplatz für sich selbst zu beanspruchen? Selbst nachdem sie kurz in ein anderes Zimmer gegangen sind, kehren sie zu demselben Platz zurück, der ihnen höflich frei gelassen wurde. Sie können in Ihrem eigenen Kopf einen "Sitzplan" erstellen. Die Lehrer verwenden diese zu Beginn eines jeden Schuljahres, um sich an die Namen der Kinder in ihrer Klasse zu erinnern.

Schau dir das an:

Aufmerksamkeit und Selbstdisziplin Die Rolle der Aufmerksamkeit wurde bereits früher in diesem Buch angesprochen, ist jedoch ein wichtiger Helfer bei der Erinnerung an die Namen der Menschen. Anstatt zu überlegen, was Sie neben jemandem sagen werden, denken Sie statt der Technik, die Sie gewählt haben, um sich an den Namen einer Person zu erinnern. Dies erfordert Übung und Selbstdisziplin, trägt aber am Ende seine eigene Belohnung.

Die meisten Menschen sind sehr besorgt darüber, wie sie anderen begegnen, aber der wichtigere Faktor im Gedächtnis ist, sich auf etwas zu konzentrieren, das Sie noch nicht wussten. Das ist nicht in dir zu finden; es ist in der anderen gefunden. Stellen Sie offene Fragen zu anderen und ermutigen Sie sie zum Reden. Sie können auch gleichzeitig deren Namen überprüfen. Dieses System ist eine Win-Win-Formel. Die anderen werden sich gut fühlen, wenn Sie an ihnen interessiert sind, und Ihnen ein Gefühl für die Wertschätzung anderer geben. Wenn die anderen Leute lächeln, werden Sie sich auch gut fühlen. Das ist Selbstwertgefühl. Die beste Belohnung von allen ist, dass Sie möglicherweise die Möglichkeit haben, etwas zu lernen, was Sie noch nie zuvor gewusst haben. Wenn Sie zum Beispiel auf einen Imker stoßen, würde er Ihnen gerne etwas von seinem Wissen mitteilen. Das gibt Ihnen Informationen, die Sie in Ihrem Gedächtnis speichern können, um sie beim nächsten gesellschaftlichen Treffen zu verwenden. Die Leute werden über Ihr Wissen staunen!
Selbstdisziplin im Bereich des täglichen Lebens ist durch einen Zeitplan gekennzeichnet. Jeden Tag, vielleicht sogar noch öfter, wird empfohlen, einen Zeitplan zu erstellen. Möglicherweise werden nicht verwandte Elemente aufgelistet, und dies ist auch ein guter Test für die Speicherfunktion. Zeitmanagement-Experten geben immer an, dass jeder eine Zeit festlegen sollte
Zuteilung für jede Aufgabe und stecken Sie die Verpflichtungen, die er von sich selbst erwartet hatte, in diese Zeitabschnitte. Warren Buffet, der bekannte Milliardär, trat für eine Routine ein. Sein Gedächtnis war ausgezeichnet, da dieses Routinesystem sein Arbeitsgedächtnis freisetzte, um seine Aufmerksamkeit auf verschiedene Aufgaben zu lenken. Ein entspannter Geist fördert eher die Pflege eines gut geölten Gedächtnisses.
Die Notwendigkeit, emotionale Eingriffe abzulehnen, ist ebenfalls von entscheidender Bedeutung. Aufschub wird im Allgemeinen als selbstzerstörerisch angesehen, kann jedoch genutzt werden, um Dränge wie einen Snack zu sich zu nehmen, einzuschlafen, einen unnötigen Anruf zu tätigen oder dem verführerischen Anruf von Twitter und anderen Social-Media-Tools zu erliegen. Jede

Unterbrechung stört die Speicherfunktion, wenn Sie in vollem Gange sind. Das sind die bösen Gewohnheiten Ihres "Tyrannhirns", das versucht, Ihre Aufmerksamkeit von der Sache abzulenken.

Doodle- und Sommersprossen-Technik Während Kritzeleien wie eine Ablenkung erscheinen mögen, kann es eine Hilfe sein. In der Graduiertenschule einer Ivy League-Universität kritzelte eine sehr kluge Frau namens Donna, wenn sie für sehr komplexe Prüfungen studierte. Für eine bestimmte Prüfung zeichnete Donna jedes Thema und jedes wichtige Unterthema in zehn Kapiteln in Form eines Gekritzels auf. Während sie das Material überprüfte, studierte sie die Kritzeleien und die Bedeutung jedes einzelnen. Eines Tages, als sie eine Prüfung ablegen wollte, brachte sie ihren Skizzenblock mit - voller Kritzeleien. Die Prüfung war eine Multiple-Choice-Prüfung, aber sie war zuversichtlich. Während sie ihre Antworten markierte, bezog sie sich auf Abschnitte ihrer Gekritzelzeichnung. Weil ihre Augen vom Testpapier zum Gekritzelblatt hin und her wanderten, näherte sich der Professor ihrem Schreibtisch, um zuzusehen. Er vermutete natürlich, dass sie betrog. Natürlich sah er nur eine Seite mit Kritzeleien! Donna hat die Schule Magna Cum Laude abgeschlossen!
Ebenso können Sie solche Hilfsmittel einsetzen. Seamus aus Irland benutzte früher den "Sommersprossen" -Trick. Aufgrund seiner ethnischen Zugehörigkeit waren seine Arme voller Sommersprossen. Als er versuchte, sich an Gegenstände zu erinnern, überprüfte er die Sommersprossen an seinem Arm als Referenz.
Die "Doodle and Freckle Technique" nutzt Ihre assoziativen Gedächtnisfähigkeiten. Die meisten Menschen lernen von Assoziationen; es ist grundlegend für die menschliche Spezies.
Es bleibt nur zu sagen, dass der Vater der Erinnerung Übung ist. Vladimir Horowitz, der berühmte Geiger: "Der Unterschied zwischen gewöhnlich und außergewöhnlich ist die Praxis".

DAS ENDE.

-- Sam Rhodes --

www.ingramcontent.com/pod-product-compliance
Lightning Source LLC
Chambersburg PA
CBHW060435220526
45465CB00008B/3148